巧学活用

全图解

PPT 商务与工作型 制作

全彩视听版

卢源——编著

U0338464

中国铁道出版社

CHINA RAILWAY PUBLISHING HOUSE

内 容 简 介

本书以经常面对PPT设计的职场人士的实际需求为切入点，通过图解案例视听教学的方式详细介绍了商务与工作型PPT设计的构思、配色、素材收集、构图布局、版式设计等理念、技术与技巧。内容包括：商务与工作型PPT的构思与设计、配色设计、PPT素材的搜集、PPT制作辅助工具，高效制作文本型商务PPT、图片型商务PPT、图表型商务PPT、教育培训型PPT、宣传推广型PPT、行业报告型PPT、总结汇报型PPT，以及如何添加PPT动画与多媒体等。

本书适合各行各业中需要制作PPT的职场人士和对PPT制作感兴趣的读者阅读学习，既可将其当作PPT设计的学习指南，也可作为工具书放在案头随手查阅。

图书在版编目（CIP）数据

全图解商务与工作型PPT制作：全彩视听版/卢源编著.—北京：中国铁道出版社，2018.8
（巧学活用）
ISBN 978-7-113-24538-2

Ⅰ.①全… Ⅱ.①卢… Ⅲ.①图形软件－图解 Ⅳ.①TP391.412-64

中国版本图书馆CIP数据核字（2018）第110174号

书　名：全图解商务与工作型PPT制作（全彩视听版）		
作　者：卢源 编著		

责任编辑：张　丹	**读者热线电话：**010-63560056
责任印制：赵星辰	**封面设计：** MXK DESIGN STUDIO

出版发行：中国铁道出版社（100054，北京市西城区右安门西街8号）
印　　刷：中国铁道出版社印刷厂
版　　次：2018年8月第1版　2018年8月第1次印刷
开　　本：700mm×1000mm　1/16　**印张：**16　**字数：**331千
书　　号：ISBN 978-7-113-24538-2
定　　价：49.80元

前　言

　　PPT 是当下商务沟通的重要工具，它关系着各方的利益和需求：从企业角度来讲，运用 PPT 是为了提高沟通效率、推动进程；从听众角度来讲，希望能够通过 PPT 快速、高效地接收信息；而从 PPT 设计与制作者的角度来讲，希望能够通过 PPT 有效地呈现自己要表达的信息。因此，在职场中，创意独特、构图美观、色调和谐、节奏流畅的 PPT 会备受大家的青睐。PPT 制作看似是雕虫小技，但要想真正做好却是工夫活，需要制作者综合运用设计、排版、配色和动画等方面的方法与技巧。

　　本书重点不是讲解 PowerPoint 软件的操作与使用，而是着重介绍 PPT 设计的构思、配色、素材收集、构图布局和版式设计等理念、技术与技巧，旨在进一步提升读者的 PPT 设计与制作水平。

　　本书共分为 12 章，主要内容包括：

CHAPTER 01 商务与工作型 PPT 构思与设计基础	CHAPTER 07 高效制作图表型商务 PPT
CHAPTER 02 商务与工作型 PPT 配色设计	CHAPTER 08 高效制作商务 PPT 动画与多媒体
CHAPTER 03 商务与工作型 PPT 素材的搜集	CHAPTER 09 高效制作教育培训型 PPT
CHAPTER 04 好用到爆的 PPT 制作辅助工具	CHAPTER 10 高效制作宣传推广型 PPT
CHAPTER 05 高效制作文本型商务 PPT	CHAPTER 11 高效制作行业报告型 PPT
CHAPTER 06 高效制作图片型商务 PPT	CHAPTER 12 高效制作总结汇报型 PPT

　　如果你已经不满足于复制 / 粘贴的设计构思，如果你已经不满足于项目编号式的简单排版，如果你已经不满足于一成不变的无味创意，就请翻开本书，因为它会给你带来思路、灵感、方法和工具。本书适合有一定 PPT 设计基础，至少熟悉 PowerPoint 软件基本操作的读者作为进阶教程学习参考。主要具有以下特色：

01 立足商务，传授方法

　　本书选择商务工作中最实用、最有用的 PPT 设计与制作知识，力求让读者真正掌握 PPT 设计、排版、配色和动画等方面的方法与技巧，让工作效率事半功倍。

02 融合案例，注重技巧

　　为了便于读者即学即用，本书摒弃传统枯燥的知识讲解方式，而是将商务与工作型 PPT 制作的典型案例贯穿全书，让读者在学会案例制作的同时掌握 PPT 设计技能。

图解教学，分步演示

本书采用图解教学的体例形式，一步一图，以图析文，在讲解具体操作时，图片上均清晰地标注出了要进行操作的分步位置，便于读者在学习过程中直观、清晰地观看操作过程，更易于理解和掌握，从而提升学习效果。

 扫二维码，观看视频

本书特别开设了手机微课堂，读者可用手机扫一扫课堂视频二维码，即可快速观看每个案例的操作语音视频，既直观又方便，让学习效果更加立竿见影。

扫一扫看视频

本书由浅到深、由点到面、由理论学习到综合应用，适合各行各业中需要制作 PPT 的职场人士和对 PPT 制作感兴趣的读者阅读学习，既可将其当作 PPT 设计的学习指南，也可作为工具书放在案头随手查阅。

如果读者在使用本书的过程中遇到什么问题或者有什么好的意见或建议，可以通过加入 QQ 群 611830194 进行学习上的沟通与交流。

编　者

2018 年 6 月

本书使用说明

本章导读

简明地表述本章学习目的和主要内容，让读者有的放矢，提高阅读兴趣

知识要点

清晰地罗列出本章的学习要点，明确学习任务，有针对性地重点学习

案例展示

精选本章重点案例的制作效果，完美展示学习成果，多方位辅助学习

关键词

抽取本案例重要操作的关键词，提示读者重点关注学习，做到心中有数

视频二维码

用手机扫一扫微课堂视频二维码，即可快速观看操作视频，配有语音讲解

秒杀技巧

讲解在案例操作中有效、实用
的操作技巧，对知识掌握进行
补充或提升

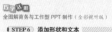

实操解疑

讲解读者在案例操作中可能遇
到的疑难问题，让读者在学习
时不走弯路

私房实操技巧

无私分享的实操技巧，实用性
强，含金量高，让学习事半功
倍，无师自通

高手疑难解答

高手针对读者在学习上可能遇
到的难点问题进行互动解答，
解除学习难题

CHAPTER 06　高效制作图片型商务 PPT

CHAPTER 07　高效制作图表型商务 PPT

CHAPTER 08　高效制作商务 PPT 动画与多媒体

CHAPTER 09　高效制作教育培训型 PPT

CHAPTER 10　高效制作宣传推广型 PPT

CHAPTER 11　高效制作行业报告型 PPT

CHAPTER 12　高效制作总结汇报型 PPT

系列书推荐

书名：全图解 Word/Excel/PPT 2016 高效办公（全彩视听版）

ISBN 978-7-113-24463-7

定价：49.80 元

- -

体验多方位辅助学习：将商务办公经典案例贯穿全书，讲解 Word/Excel/PPT 技巧干货；精美全彩印刷，操作步骤一步一图；全书和各章节内容均可随时随地扫码看视频；赠送海量资源，服务 QQ 群在线指导，性价比超值。

书名：全图解电脑组装与故障维修（全彩视听版）

ISBN 978-7-113-24476-7

定价：49.80 元

- -

体验多方位辅助学习：将当前典型实操案例贯穿全书，讲解全新的多核电脑组装与维修技术；精美全彩印刷，操作步骤一步一图；全书和各章节内容均可随时随地扫码看视频；赠送海量资源，服务 QQ 群在线指导，性价比超值。

CHAPTER

商务与工作型 PPT
构思与设计基础

本章导读

在职场中，PPT 可以说是无处不在，公司内部培训，工作汇报，季度 / 年度总结、产品发布、商业策划等都要用到 PPT，会做 PPT 已经成为每个在职者所必备的技能。为了让读者能够高效地学习设计与制作 PPT，本章将详细介绍 PPT 的构思与设计基础知识。

知识要点

01 PPT 的构成与设计流程　　　　02 PPT 版式设计

案例展示

▼ PPT 封面页

▼ PPT 内容页

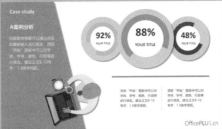

▼ PPT 排版原则之重复

▼ PPT 常见排版布局之定位型

Chapter 01

1.1 PPT 的构成与设计流程

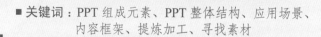

■ 关键词：PPT 组成元素、PPT 整体结构、应用场景、
内容框架、提炼加工、寻找素材

在开始制作 PPT 前，有必要先了解一下 PPT 的构成与设计流程，对 PPT 设计有一个全局的认识。

1.1.1 PPT 的构成

从组成元素上来说，PPT 是由字体、图片、图表、图示、色彩、动画等元素构成的，设计者通过排版可以将这些元素很好地融合在一起，如下图所示。

从整体结构上来讲，可以将一份完整的商业 PPT 分为 5 个组成部分，分别为封面、目录、过渡、内容以及封底，如下图所示。

1. 封面

封面页是 PPT 的"脸面"，是观众最先看到的页面，因此它是非常重要的。封面页主要由片头动画、Logo、标题、日期、作者等信息组成，如下图所示。

2. 目录

目录页用于让观众了解整个 PPT 的内容框架，帮助其理解 PPT 内容，是不可或缺的重要组成部分，如下图所示。

另一类是在内容幻灯片前插入的一页需要特别强调的具有视觉冲击力的幻灯片，如下图所示。

实操解疑 ❓

目录设计

在设计目录时，图文并茂会显得大气、自信。此外，需要注意目录中文本的逻辑关系，不可逻辑错乱。

3. 过渡

过渡页分为两类，一类是突出目录中的某一点，用来提示接下来要介绍的内容，如下图所示。

4. 内容

内容页是 PPT 的核心部分，用于阐述 PPT 主题，是需要设计者进行精心排版和设计的，如下图所示。

CHAPTER 01
CHAPTER 02
CHAPTER 03
CHAPTER 04
CHAPTER 05
CHAPTER 06

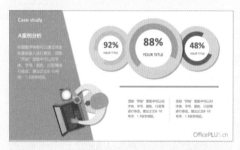

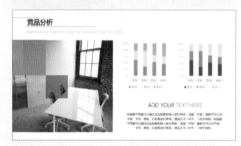

5. 封底

　　封底页是 PPT 的最后一页，主要起到收尾的作用，可以由片尾动画、感谢语和问题启发等内容组成，如下图所示。

实操解疑 ❓

封底设计

　　为了保持版面风格的一致性，封底页的设计有时可以通过直接修改封面页得来。

1.1.2 PPT 设计流程

在制作 PPT 时，采用正确的设计流程可以在很大程度上提高工作效率，下面将详细介绍制作一份专业 PPT 的设计流程。

1. 明确 PPT 的应用场景

当接到一个 PPT 设计任务后，首先要考虑以下问题：

(1) PPT 的类型

明确你的 PPT 是用来给人看的，还是给人讲的。这个问题决定了要制作的 PPT 类型是演讲型还是阅读型，两者最明显的区别就是：一个字少，一个字多。

阅读型 PPT 的作用是向阅读 PPT 的观众清晰、完整地呈现信息，其特点是文字多、图片多、图表多，内容表达完整，如下图所示。

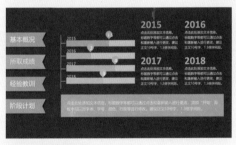

演讲型 PPT 的作用是辅助演讲者进行表达的，这类 PPT 的特点多为深色背景、文字精炼、精选图片。在演讲型 PPT 中，文字更多地起到了注解的作用，最常见的就是手机发布会上所用的 PPT，如下图所示。

(2) PPT 的受众

PPT 的受众决定了 PPT 的设计风格。如果受众是自己的领导，他们是比较看重结果的，因此在 PPT 设计上应尽可能使用数据来表达内容，使 PPT 整体看起来规整、简洁，容易理解。

如果受众是消费者，他们在消费上多是感性的，这时就不能给他们看一堆数据，而应该在语言上增加煽动性和暗示性，通过讲故事、利用生活实例、名人效应、现实图片和视频等激起受众的感性消费。

我们必须要站在受众的角度来考虑问题，要由"我想讲什么"转变为"听众想听什么"，这样才能更好地设计演讲内容，组织演讲语言，与受众建立起有效的连接，而后受众才有可能记住我们要表达的内容。

(3) PPT 的主题

PPT 的主题决定了 PPT 内容制作的方向。如果要做一份策划方案，那么

PPT 的设计目的就是向上级清晰地传达自己的推广计划和思路。如果要做的是产品介绍，那么 PPT 的设计目的就是向消费者清晰地传达自身产品的卖点。

(4) ▶ 演讲场地、时间基本情况？

对于演讲型 PPT，应当提前了解一些有关演讲的基本信息，具体如下：

a. 演讲屏幕尺寸

一般而言，主流的投影屏幕比例是 4∶3 和 16∶9，如下图所示。

若在一些特制的屏幕上进行演讲，那么比例可能是 10∶1，也可能是任意比例。

在制作 PPT 前，需要提前了解屏幕尺寸比例，否则比例错误还要重新再做一次。

b. 演讲场地大小

提到演讲场地大小，就是要考虑听众视线远近的问题，如下图所示。

在演讲场地中，如果投影屏幕距离最后一排的距离非常远，那么在制作 PPT 时就应该把字号放大。一些细节信息处理得要大一些，以方便最后一排的观众也能看清楚。如果条件允许，最好提前进入会场测试一下效果。

c. 演讲时长

在演讲前，一定要清楚演讲的时长，在有限的时间内结束演讲。如果要讲的内容过多，应依据演讲时间对内容进行精简。

需要特别注意的是，不管演讲者的水平有多高，要想让听众记住所有的演讲内容几乎是不可能的。很多演讲者只站在自身的角度，把自己想讲的东西一股脑地全部倒出来，恨不得把自己所学、所感、所悟在一场演讲中全部讲出来，结果很容易导致内容过多，主次不分，时间过长。

演讲者应利用听众思维将"我想讲什么"转变为"听众想听什么"，从而理清主次。

2. 构思内容框架

明确了 PPT 的用途后，接下来就要撰写 PPT 文稿。首先需要构建一个内容框架，然后在此框架中填充自己想要表达的内容。

如果内容是偏逻辑性的，如市场推广方案、工作报告等，那么在构思框架时可以采用金字塔结构。

金字塔的基本结构：中心思想明确，结论先行，以上统下，归类分组，逻辑递进。先重要后次要，先全局后细节，先结论后原因，先结果后过程。

搭建金字塔的方法：自上而下表达，自下而上思考，纵向疑问回答/总结概括，横向归类分组/演绎归纳，序言讲故事，标题提炼思想精华，如下图所示。

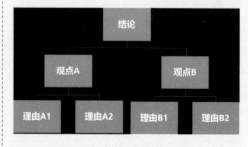

如果内容是偏故事性的，如公司品牌介绍、产品研发过程等，那么在构思时可采用讲故事的结构（即 SCQA），如下图所示。

1	**情景（S）** 故事发生的时间，地点，环境，人物等.
2	**冲突（C）** 发生了什么事情.
3	**疑问（Q）** 观众或读者可能会提出的问题.
4	**回答（A）** 对提出问题的回答.

3. 提炼和加工信息

PPT 文稿整理好之后，接下来需要对内容进行提炼和加工处理，要突出数据图表化、信息图形化、重点突出化的特点。

(1) 数据图表化

数据图表化就是将演示文稿中有关数据的表述转化为合适的数据图表，从而让观众可以更直观地观察和分析数据，了解整体变化的趋势，如下图所示。

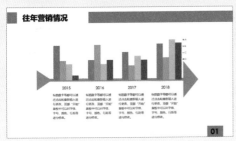

(2) 信息图形化

信息图形化就是针对内容复杂、难以描述的信息进行充分的理解、提炼、整理与分类，并通过设计将其视觉化，通过图形简单、清晰地向观众以更为直观的方式传达信息。

下图所示为 CIC 发布的"60 秒看中国社会化媒体表现"信息图。该信息图提供了直观、全面的中国社会化媒体表现的各种信息，帮助客户更好地了解中国社会化媒体平台每天产生的数以亿万计的数据，更科学地实施商业智能解决方案。

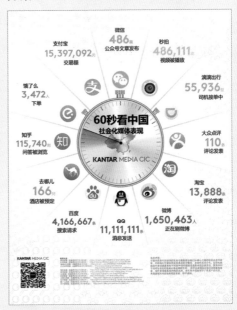

(3) 重点突出化

在 PPT 设计过程中，可以利用一些排版技巧将重点的内容进行突出显示（如突出重要文字、图片等），让观众能在第一时间接收到 PPT 所要传达信息的重点，如下图所示。

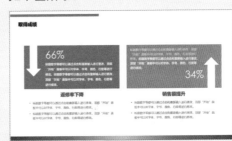

4. 寻找素材

在完成了明确用途、构思内容和框架、提炼和加工信息三个环节后，就应该对自己要找怎样的素材比较清楚了。需要找的素材包括模板、图片、图标、字体与图表等。

5. 制作 PPT

做好以上准备工作之后，接下来就要开始动手制作 PPT 了。在 PPT 的制作过程中，应尽可能遵循对比、对齐、重复、亲密性、留白和降噪等设计原则。

6. 调整优化

在 PPT 制作完成后，可以先给同事或朋友放映一遍，看看自己想突出表达的内容点在放映完 PPT 之后观众是否能够捕捉到。

还可根据实际情况进一步对 PPT 进行调整和优化，以提升演示效果。例如，可以考虑更换其中的形状或线条样式等，使其更具新意；还可为形状或文本添加视觉效果，添加一些修饰图像等，使页面的视觉效果更加丰富。

实操解疑 ?

设计页面

对于一般性的 PPT 来说，其实只要把 PPT 的内容排版好就能达到基本要求。如果单讲页面排版设计，就是一门专门的学科，需要制作者学习一些美学设计方面的知识。

Chapter 01

1.2　PPT 版式设计

■ 关键词：亲密、对齐、重复、对比、留白、降噪、PPT 版式布局

一份排版考究、制作精良的 PPT，永远要比廉价感十足的 PPT 更受人青睐。对于 PPT 设计新人而言，只要恰当地运用排版原则，并掌握一些常用的版式布局，就可以在制作 PPT 时游刃有余。

1.2.1　PPT 排版原则

Robin Williams 是闻名世界的设计师，她的著作《写给大家的设计书》中阐述了设计的四大基本原则，即亲密、对齐、重复和对比。这 4 个原则是可以打破的，但绝对不可以被忽视。此外，还有留白、降噪等原则，下面将分别对其进行详细介绍。

1. 对齐

在页面设计上，每个元素都应该与页面上的另一个元素存在某种视觉联系，这样才能建立清晰的结构。常见的对齐方式有左对齐、右对齐、居中对齐等。

居中对齐比较少用，也不建议大家使用。在进行版面设计时，一定要找到某个联系，并找到对齐线，如下图所示。

3. 重复

重复是指在页面设计中一些基本元素可以重复使用，包括颜色、形状、材质、空间关系、线宽、字体、大小、图片，以及一些几何元素等，这样一来可以增加页面的条理性和整体性，如下图所示。

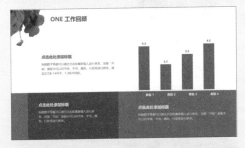

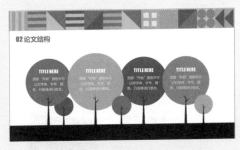

2. 对比

对比的基本思想就是要避免页面上的元素太过相似。通过对比可以将元素的重要性层次划分出来，使 PPT 中的内容展示更有条理，同时可以丰富 PPT 中的内容层级，使整体内容一目了然。

如果元素（字体、颜色、大小、线宽、形状和空间等）不同，那么就让它们截然不同。对比能让信息更准确地传达出去，内容更容易被找到、被记住。

如果想让对比效果更明显，就一定要大胆，不要让两种颜色看起来好像差不多但又不一样，如下图所示。当然，也不能在同一个页面中使用太多的字体。

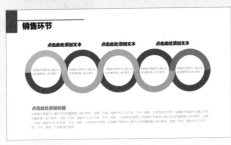

重复原则不仅限于单个页面，整个 PPT 都应力求重复、统一的呈现方式。

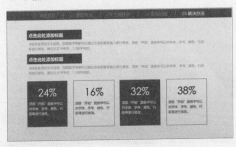

CHAPTER 01

CHAPTER 02

CHAPTER 03

CHAPTER 04

CHAPTER 05

CHAPTER 06

4. 亲密性

所谓亲密性，简单来讲就是把页面中的元素进行分类，将在内容或逻辑上相互有关联的元素组合在一起，形成视觉单元，而不是众多的孤立的元素，实现页面的组织性和条理性。

同时，还要注意不要在这些元素中间留出太多的空白，并且视觉单位之间也要建立某种联系，如下图所示。

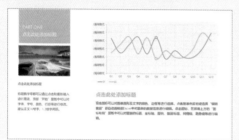

5. 留白

留白就是空白，它是页面上不包含任何内容的空间。留白空间不一定是白色的，它是任何与背景空间相同的空间，可以是其他颜色或纹理。

没有设计留白的页面往往是杂乱无章的。通过对页面设计留白，可以使观

众的视线移到被留白包围的元素上，从而增强这些元素的视觉冲击力。

留白属于空间设计，它能将页面中的各个元素分隔开来。适当的留白有助于引导视线，为设计建立层次关系，区分页面中的重点和关键点，如下图所示。

6. 降噪

PPT"降噪"的目的是为了突出重点，所以要减少一切干扰元素，如多余的颜色、复杂的设计效果、冗繁的文本信息，以及多余的图片背景等，如下图所示。

1.2.2 PPT 常见版式布局

PPT 场景版式布局是指文本 / 图像的位置、页边距大小、每页内容的段落数、每个段落的标题和文本的位置等安排。掌握一些常用演示文稿的布局方式，可以使设计者在较短的时间内就能制作出具有专业水准的 PPT 作品。下面将详细介绍一些常用的 PPT 场景版式布局方式。

1. 标准型

标准型是常见的简单而规则的版面布局类型，一般从上到下的排列顺序为：图片 / 图表、标题、说明文字、标志图形。自上而下符合人们认识的心理顺序和思维活动的逻辑顺序，能够产生良好的阅读效果，如下图所示。

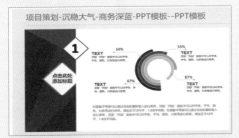

实操解疑

掌握 PPT 设计方法

要想设计出精美的 PPT 版式，平时要多看优秀作品，多学习、多模仿、多借鉴，揣摩其中的设计手法。还要学习配色与配图技巧，提升自己的审美能力。

2. 定位型

这也是一类非常常见的版面设计类型。文字和图片各自定位，并形成有力的对比。或左或右，或上或下，常用于图文并茂的版式设计。

定位式分为上置式、下置式、左置式、中置式和右置式等。定位式非常符合人们的视线流动顺序，如下图所示。

CHAPTER 01

CHAPTER 02

CHAPTER 03

CHAPTER 04

CHAPTER 05

CHAPTER 06

3. 斜置型

斜置型是在构图时全部构成要素向右侧或向左侧作适当的倾斜，使视线上下流动，画面产生动感，如下图所示。

5. 中轴型

中轴型是一种对称的版面构成形态，标题、图片、说明文字与标题图形放在轴心线或图形的两侧，具有良好的平衡感，如下图所示。根据视觉流程的规律，在设计时要把诉求重点放在页面左上方或右下方。

4. 圆图型

圆图型是在安排版面时以正圆或半圆构成版面的中心，在此基础上按照标准型顺序安排标题、说明文字和标志图形等，在视觉上非常引人注目，如下图所示。

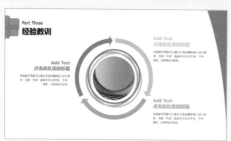

6. 棋盘型

使用棋盘型安排版面时，将版面全部或部分分割成若干等量的方块形态，互相明显区别，形成棋盘式格局，如下图所示。

实操解疑

做好视觉引导

分割型版式需要做好视觉引导，不然会造成视觉混乱。可以通过大小对比和颜色对比来丰富页面，使页面不会单调和拥挤。

7. 文字型

在文字型布局方式中，文字是版面的主体，图片或图形仅仅是点缀，因此一定要加强文字本身的感染力，同时字体要便于阅读，并使图形起到锦上添花、画龙点睛的作用，如下图所示。

8. 全图型

全图型是用一张图片占据整个版面，图片可以是人物形象，也可以是表现创意所需的特写场景。在图片中的合适位置可以直接加入标题、说明文本或标志图形等，如下图所示。

时将构成要素在版面上做不规则的摆放，形成随意、轻松的视觉效果。

但要注意统一气氛，要进行色彩或图形的相似化处理，避免杂乱无章。同时，还要突出主体，符合视觉规律，这样才能获得良好的视觉效果，如下图所示。

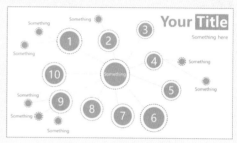

9. 字体型

在运用字体型布局方式时，可以对商品的名称或标志图形进行放大处理，使其成为版面上主要的视觉要素。做此变化可以增加版面的情趣，突出主题，使观众印象深刻，在设计时力求简洁、巧妙，如下图所示。

11. 水平型

水平型是一种安静而平定的版面编排形式，亲切、自然，符合大众的审美情趣，是较为常用的布局方式，如下图所示。

10. 散点型

选择散点型布局方式，在编排版面

12. 重复型

重复的构成要素具有较强的吸引力，可以使版面产生节奏感。在节奏中添加一些变化，还会使幻灯片更加生动、灵活，如下图所示。

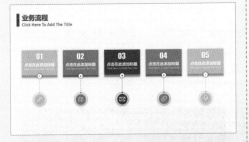

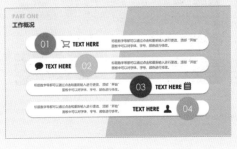

13. 指示型

指示型的结构形态上有着明显的指向性，这种指向性构成要素既可以是箭头型的指向构成，也可以是图片动势指向文字内容，都能起到明显的指向作用，如下图所示。

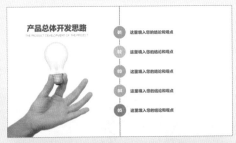

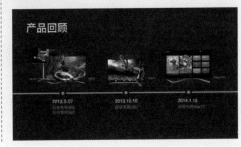

商务办公 私房实操技巧

TIP：清除幻灯片中的默认版式

在 PPT 中新建的幻灯片总是显示默认的版式，版式中的占位符可能会影响 PPT 的制作和创意。若要删除默认的版式，可在 开始 选项卡下单击"版式"下拉按钮，在弹出的下拉列表中选择"空白"选项，即可删除幻灯片中默认的占位符，如下图所示。

CHAPTER 01
CHAPTER 02
CHAPTER 03
CHAPTER 04
CHAPTER 05
CHAPTER 06

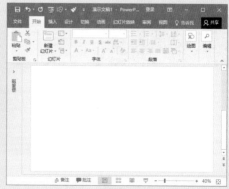

TIP：快速提高对 PPT 的审美

制作 PPT 的质量高低与自己的审美能力密切相关，培养 PPT 审美最有效的方式就是多欣赏优秀的 PPT 作品，多学习设计领域内优秀 PPT 设计师的经验分享。例如，精彩的发布会或者 TED 演讲中使用的 PPT 都是非常优秀的作品，如下图所示。

TIP：利用"假字"填充文本框

在设计 PPT 模板时，经常需要用"假字"来填充模板的内容。此时只需插入文本框，并输入"=lorem()"，如下图（左）所示。按【Enter】键确认，即可生成一段无意义的英文，如下图（右）所示。

TIP：统一 PPT 的风格

 要做到 PPT 风格统一，需要达到以下基本要求：

- 统一幻灯片模板：复制幻灯片，并对内容进行调整。
- 统一页边距：保持幻灯片统一的页边距，使其看起来整洁有序。
- 统一背景：使用同样风格的背景图片或背景纹理。
- 统一字体：字体样式、字号、颜色和摆放位置等都要做到统一格式。
- 统一标题：幻灯片中的内容标题格式采用统一的样式。
- 统一图形：采用简单易读的图形风格，相同类型的图标、图形样式等。
- 统一细节：采用格式统一的修饰线条、图形等。
- 统一配色：风格统一的 PPT，其页面配色肯定是一致的。

Ask Answer 高手疑难解答

问 如何快速排版信息内容较多的 PPT ？

图解解答 在设计 PPT 时，应尽可能将较多的内容制作成信息图形，即图解信息，清晰明了地传达主题。PPT 新手可参考某些杂志、期刊等出版物上刊登的信息图形进行编排和设计。

此外，各行业的一些行业分析报告中也包含了大量专业的信息图形，可直接拿来用在 PPT 中。还可在一些数据研究分析网站上进行查看并借鉴，如艾瑞网报告（http://report.iresearch.cn）、互联网数据中心（http://www.199it.com）等，如下图所示。

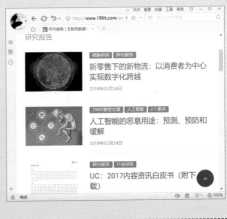

问 **如何复制母版版式？**

图解解答 若在幻灯片模板中看到好的幻灯片母版版式，希望将其用到自己的 PPT 中，可以通过以下方法复制版式：

1️⃣ 在 PowerPoint 窗口左侧的幻灯片预览窗格中选择幻灯片，按【Ctrl+C】组合键复制幻灯片，如下图（左）所示。

2️⃣ 在 **开始** 选项卡下单击"粘贴"下拉按钮，在弹出的下拉列表中选择"保留源格式"选项，如下图（右）所示。

3️⃣ 此时即可将幻灯片原封不动地粘贴过来，并将它所应用的整个母版也一同复制过来。单击"新建幻灯片"下拉按钮，即可看到目标幻灯片的整个版式，如下图（左）所示。

4️⃣ 若只粘贴该幻灯片本身的版式，可以选择"使用目标主题"粘贴选项。单击"新建幻灯片"下拉按钮，效果如下图（右）所示。

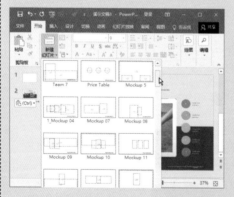 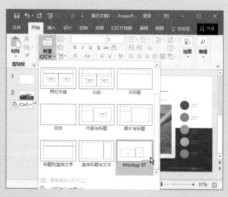

商务与工作型 PPT 配色设计

本章导读

    一个优秀的 PPT 作品首先要看它的"颜值"高不高，而 PPT 的"颜值"在很多时候取决于其所采用的配色方案。配色看似简单，却有一些必须遵循的规则。本章将详细介绍商务与工作型 PPT 配色的原则与方法。

知识要点

01 了解色彩   03 PPT 配色方法

02 PPT 配色原则

案例展示

▼ 使用行业色

▼ 根据应用场景配色

▼ 借鉴优秀作品的配色方案

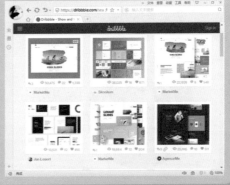

▼ 传统配色方案

Chapter 02

2.1 了解色彩

■关键词：十二色环、颜色明暗、颜色冷暖、
色彩特征、色彩心理

　　色彩可以分为无彩色系和有彩色系两大类。无彩色系是指黑色、白色或黑白调出的灰色，本身没有色彩和冷暖倾向，只有明度差别而没有纯度差别。其中，黑色和白色又称为极色，即没有比黑与白更深或更浅的色。有彩色系是指某种具有标准色倾向的色彩，也就是带有冷暖倾向的色。

2.1.1　十二色环解析

　　十二色环是由近代著名的色彩学大师 Johannes Itten（约翰·伊顿）所著《色彩论》一书中而来。它的设计特色是以三原色做基础色相，色环中每个色相的位置都是独立的，区分得很清楚，排列顺序和彩虹以及光谱的排列方式是一样的。这 12 种颜色间隔相同，并以 6 个补色对，分别位于直径对立的两端，发展出十二色环，如下图（左）所示。

　　在 PPT 配色面板的"标准色"一栏中即为标准色。在选择色彩时，横向代表相近色，纵向代表色调的兼容或增强，如下图（右）所示。

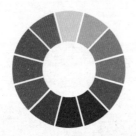

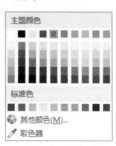

1. 十二色环

　　十二色环由原色、二次色和三次色组合而成。色环中的三原色是红色、黄色和蓝色，彼此势均力敌，在环中形成一个等边三角形，如下图所示。

原色　红　蓝　黄

二次色　橙　绿　紫

三次色　红橙　黄橙　黄绿　蓝绿　蓝紫　红紫

　　三原色相当于色环上的父母色，而不是通过其他颜色混合得到的，它们的位置是平均分布的，如下图所示。

绘画中的三原色为红、黄、蓝，三原色相加为黑色。光的三原色（RGB）是红、绿、蓝，RGB 三色相加为白色。而印刷四分色模式（CMYK）是彩色印刷时采用的一种套色模式，利用绘画的三原色原理，用四种颜色混合叠加形成各种颜色，其中 C 表示青色，M 表示品红色，Y 表示黄色，K 表示黑色。

在传统的绘画色彩理论中，三原色是三种不能相互混合的颜色，其他所有颜色都来自于这三个色调。有了这三种原色，就可以创建二次色：绿色、橙色和紫色。二次色处于两种原色一半的位置，由两种原色等量调和而成，如下图所示。

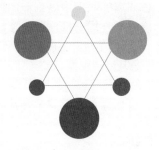

混合原色与二次色，可以得到所谓的三次色：橙黄色、橘红色、紫红色、紫蓝色、蓝绿色和黄绿色。三次色处于三原色与二次色中间的位置，由三原色和二次色等量调和而成，如下图所示。

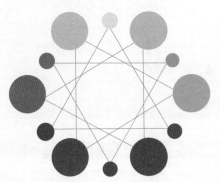

2. 颜色的明暗

色彩有明暗之分，色相加黑色为暗色，色相加白色为亮色，如下图所示。

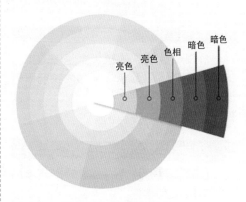

3. 颜色的冷暖

在色彩学上，根据心理感受把颜色分为暖色调和冷色调。暖色调是生动且充满能量的，其倾向于在空间延展；而冷色调则给人以冷静、舒缓的感觉，其倾向于在空间中消退，如下图所示。

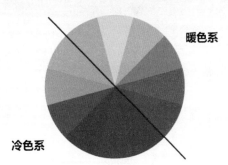

实操解疑 ❓

从图片上学习配色

选择在配色上能够吸引观众的图片，应尽量选择色调有变化，且明暗对比较为明显的，黑白或低对比度的色调会让最后的色彩方案看起来不够鲜明。

CHAPTER 01
CHAPTER 02
CHAPTER 03
CHAPTER 04
CHAPTER 05
CHAPTER 06

2.1.2 了解色彩的特征

要想在 PPT 设计中有效地使用颜色，就需要了解颜色的概念和其理论术语，如色相、色度、饱和度、明度和色调等。

1. 色相

色相是最基本的颜色术语，通常指的是一个物体的颜色。例如，我们平时说"红色""黄色""蓝色"时，谈论的就是色相。

2. 色度

色度指的是颜色的纯度。高色度的色相当中没有黑色、白色或灰色。添加白色、黑色或灰色会降低色度。它类似于饱和度，但又不完全一样。色度可以看作是一种颜色相对于白色的亮度。

在 PPT 设计中，要避免使用具有非常相似色度的色相，而要选择那些具有相同或差异较大色度的色相。

3. 饱和度

饱和度指的是色调在特定的照明条件下所呈现出的样子，可以用弱、强，或弱色相及纯色相来表示。

在 PPT 设计中，相似级别饱和度的颜色会让页面看起来更具连贯性，如下图所示。

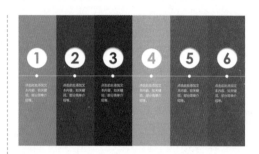

同色度一样，具有相似但不完全相同饱和度的颜色可能让观众有不和谐之感。

4. 明度

明度也称"亮度"，指的是颜色的明暗程度。不同色相的色彩之间会有明度对比：色环上的明度由高到低的顺序依次为：黄→橙→绿→红→蓝→紫。看上去亮丽、刺眼的颜色其明度就高，而深沉、暗淡的颜色其明度就低。

亮的颜色具有较高的明度值。例如，橙色的明度比深蓝色或暗紫色更高，黑色的明度是所有色相中最低的，而白色的明度是最高的。

当在 PPT 设计中应用明度时，最好选用不同明度的颜色。对于高色度的颜色来说，运用高对比度的颜色通常可以设计出更具美感的效果，如下图所示。

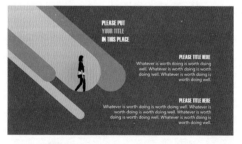

5. 色调

当灰色加入某色相时，就形成了色

调。色调通常比纯色相看起来更暗淡或更柔和。色调有时在 PPT 设计中非常容易使用，掺入更多灰色的色调可以 PPT 具有一定的古旧感。根据不同的色调也可以为外观效果增添一些精致、优雅的感觉，如下图所示。

6. 阴影色调和浅色调

当在色相中加入黑色使其更暗时，就形成了阴影色调；当在色相中加入白色使其更亮时，就形成了浅色调，如下图所示。

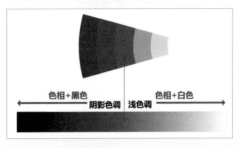

阴影色调只应用于加入了黑色，从而使色相更深的情况。在 PPT 设计中，较深的色调通常被用于替代黑色，并可以用作非彩色。

综合应用阴影色调和浅色调是避免 PPT 外观看起来过于阴暗和厚重的最好的方法，如下图所示。

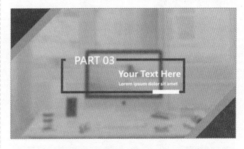

非常亮的浅色调也称作柔和粉色，但对于任何加入白色的纯色相来说都是浅色调。

浅色调通常应用于创建女性化的或较亮的 PPT 设计当中。柔和的浅色调特别适用于使 PPT 设计更具女性化的特点。此外，在针对婴幼儿的 PPT 设计中浅色调应用得也很广泛。

2.1.3 色彩心理

色彩的直接心理效应来自色彩的物理光刺激对人的生理产生的直接影响。心理学家对此曾做过许多实验，他们发现在红色环境中人的脉搏会加快，血压会有所升高，情绪兴奋、冲动；而处在蓝色环境中，人的脉搏就会减缓，情绪也比较沉静。

CHAPTER 01

CHAPTER 02

CHAPTER 03

CHAPTER 04

CHAPTER 05

CHAPTER 06

1. 色彩的心理错觉

冷色与暖色是依据心理错觉对色彩的物理性分类，对于颜色的物质性印象大致由冷、暖两个色系产生。波长长的红光、橙色光和黄色光本身有暖和感，以此光照射到任何色都会有暖和感。相反，波长短的紫色光、蓝色光和绿色光则有寒冷的感觉。

以上的冷暖感觉并非来自物理上的真实温度，而是与人们的视觉与心理联想有关，如下图所示。

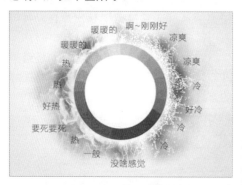

冷色和暖色除去温度不同的感觉外，还会有其他感受，如重量感、湿度感等。暖色偏重，冷色偏轻；暖色密度强，冷色较稀薄；冷色透明感强，暖色透明感较弱；冷色显得湿润，暖色显得干燥；冷色有退远感，暖色有迫近感。

色彩的明度与纯度也会引起对色彩物理印象的错觉。颜色的重量感主要取决于色彩的明度，暗色重，明色轻。纯度与明度的变化还会给人色彩软硬的印象，淡的亮色使人感觉柔软，暗的纯色则有强硬的感觉。

2. 色彩表情

色彩本身是没有灵魂的，它只是一种物理现象，但人们能够感受到色彩的情感。色彩的情感是因为人们长期生活在色彩的世界中积累了许多视觉经验，视觉经验与外来色彩刺激产生呼应时，就会在心理上引起某种情绪。

红色：强有力的色彩，是热烈、冲动的色彩，高度的庄严、肃穆，如下图所示。

约翰·伊顿教授描绘了受不同色彩刺激的红色。他说："在深红的底子上，红色平静下来，热度在熄灭着；在蓝绿色底子上，红色就像炽烈燃烧的火焰；在黄绿色底子上，红色变成一种冒失的、莽撞的闯入者，激烈而又寻常；在橙色的底子上，红色似乎被郁积着，暗淡而无生命，好像焦干了似的。"

橙色：十分欢快、活泼的光辉色彩，是暖色系中最温暖的色，如下图所示。橙色稍稍混入黑色或白色，就会成为一种稳重、含蓄而又明快的暖色；但混入较多的黑色，就会成为一种烧焦的色彩；橙色中加入较多的白色，会带有一种甜腻的味道。橙色与蓝色搭配，会构成最响亮、最欢快的色彩。

黄色：亮度最高的色，在高明度下能保持很强的纯度，如下图所示。黄色的灿烂、辉煌有着太阳般的光辉，因此象征着照亮黑暗的智慧之光。黄色有金色的光芒，因此又象征着财富和权力，是一种骄傲的色彩。

商务与工作型 PPT 配色设计

CHAPTER 01
CHAPTER 02
CHAPTER 03
CHAPTER 04
CHAPTER 05
CHAPTER 06

　　黑色或紫色的衬托可以使黄色达到力量无限扩大的强度。白色是吞没黄色的色彩，淡淡的粉红色也可以像美丽的少女一样将黄色这个骄傲的王子征服。黄色最不能承受黑色或白色的侵蚀，稍微渗入，黄色即刻便会失去光辉。

　　绿色：鲜艳的绿色非常美丽、优雅，很宽容、大度，无论蓝色或黄色渗入，仍旧十分美丽。黄绿色单纯，年青；蓝绿色青秀、豁达。含灰的绿色也是一种宁静、平和的色彩，如下图所示。

　　蓝色：博大的色彩，是永恒的象征，如下图所示。蓝色是最冷的色，在纯净的情况下并不代表感情上的冷漠，只不过表现出一种平静、理智与纯净而已。真正令人情感冷酷、悲哀的色彩是被弄混浊的蓝色。

　　紫色：非知觉的色彩，神秘，给人印象深刻，有时给人以压迫感，且因对比不同，时而富有威胁性，时而又富有鼓舞性，如下图所示。当紫色以色域出现时，便可能产生恐怖感，在倾向于紫红色时更是如此。

　　紫色是象征虔诚的色相一旦紫色被淡化，优美、可爱的晕色就会使我们心醉。

　　通常用紫色表现混乱、死亡和兴奋，用蓝紫色表现孤独与献身，用红紫色表现神圣和爱和精神的统辖领域。

　　黑、白、灰色：无彩色在心理上与有彩色具有同样的价值。黑和白是对色彩的最后抽象，代表色彩世界的阴极和阳极，如下图所示。

　　黑白所具有的抽象表现力以及神秘感似乎能够超越任何色彩的深度。康丁斯基认为黑色意味空无，像太阳的毁灭，像永恒的沉默，没有未来，失去希望；而白色的沉默不是死亡，而是有无尽的可能性。黑白两色是极端对立的色彩，然而有时又令人感到它们之间有难以言状的共性。白色和黑色都可以表达对死亡的恐惧和悲哀，都具有不可超越的虚幻与无限的精神。

在色彩体系中，灰色是最被动的色彩，它是彻底的中性色，依靠邻近的色彩获得生命。灰色一旦靠近鲜艳的暖色，就会显出冷静的品格；若靠近冷色，则变为温和的暖灰色，如下图所示。

3. 色彩的象征性

色彩情感的进一步升华在于它能深刻地表达人们的观念和信仰，这就是色彩的象征性意义。例如，绿色是生命的原色，象征着平静与安全。绿色是春天的色彩，也代表了青春、希望与快乐。

再如，红色是暖色中让人感觉最热烈的颜色，它不仅是最刺激的颜色，也是含义最不明确的颜色。红色既象征着爱与激情，也象征着侵略与战争。它既象征着好运，也象征着危险；它既象征着繁荣，也象征着地狱的烈焰。

红色还是一种警告标识，它既表示禁止，又是行动的一种刺激；既有政治色彩，又有感情色彩。

Chapter 02

2.2　PPT 配色原则

■ 关键词：配色比例、Logo 色、行业色、应用场景配色、背景配色

PPT 设计不同于纯粹的图像、绘画等艺术，它的目的是为了呈现内容，所以在进行 PPT 配色设计时应该遵循一些原则。

2.2.1　配色比例

PPT 的页面颜色一般由主色、辅助色以及点缀色三个部分组成，建议一套 PPT 作品的颜色不要超过三种。主色决定着整个 PPT 的风格，确保能够正确地传达信息；辅助色能够帮助主色树立更完整的形象，使页面更加丰富，大多用在区分多个项目的情况下；点缀色可以酌情添加，为非必要色，其功能体现在细节上，分散且面积较小，如下图所示。

　　主色、辅助色及点缀色颜色的配比一般为主色 70%、辅助色 25%、点缀色 5%。主色的使用范围在整个幻灯片中色彩面积较大的地方，如用于背景或形状元素上，一般主色使用饱和度较高的颜色。

　　辅助色通常是一种能烘托主色且与之相呼应的颜色，同类色、邻近色或者互补色均可作为辅助色，通常会使用在文字或小面积的元素上。值得注意的是，黑白色作为中性色，由于其容易和其他颜色进行搭配，所以被称为万能辅助色。在进行色彩搭配时，应该灵活运用黑白灰，确保这些颜色不会干扰整体页面色彩的和谐感。一张色彩丰富的 PPT 页面必定具备冷暖两种倾向的色彩，如果主色是冷色调，那么辅助色就偏向为暖色调。辅助色若和主色为互补色，就会产生强烈的对比，用于强调特定的内容。

　　点缀色一般选用饱和度高或明度高的颜色。可以在主色的基础上添加白色或黑色，以形成浅色调和阴影色调，方法为：打开"颜色"对话框，在"颜色模式"下拉列表框中选择 HSL 模式，通过拖动"颜色"面板右侧的◀滑块调整亮度，如下图所示。

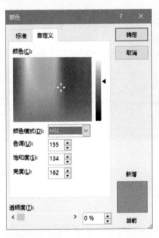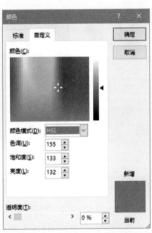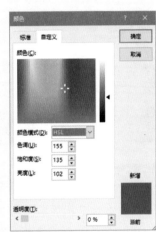

2.2.2　使用 Logo 色

　　一般企业或组织 Logo 中的色彩组成都是充分考虑到企业或组织行业特征、性质、商品等相关信息。为 PPT 配色最常用的方法就是从企业 Logo 图片或企业内部通用的颜色中找出主色，然后按照配色规则确定辅助色，如下图所示。

2.2.3 使用行业色

　　某些特定的行业都有其代表性的颜色，比如医疗行业，一般以蓝色和绿色搭配为主；互联网行业一般为蓝色和黄色搭配；政府机构一般为红色和黄色搭配。在进行 PPT 设计时，可以充分运用这些行业色，如下图所示。

2.2.4 根据应用场景配色

　　有多种动机影响着人们对颜色的喜爱，如社会背景、年龄差异、心理需求、场合差异、用途差异和流行色等。在设计 PPT 时，可以根据 PPT 的不同受众选择不同的颜色，对受众的喜好有所了解，投其所好，选择其喜欢的颜色作为主色。根据 PPT 应用场景的不同，对应的配色方案也会有所不同，如下图所示。

2.2.5 幻灯片背景配色

　　幻灯片背景颜色一般选择浅色或饱和度较低的颜色，这样可以更好地突出

PPT 演示内容，很多优秀的 PPT 作品都是浅灰色背景或者直接使用白色背景。一些发布会幻灯片背景常常为黑色或其他深色，这是因为深色背景可以突出演讲者，如果是白色或亮色背景，就可能出现阴影或反光，导致观众看不清演讲者。但对于大多数商务与工作型 PPT 而言，仍推荐使用浅色背景。

Chapter 02
2.3 PPT 配色方法

■ 关键词：单色配色、多色搭配、取色器、色卡、
配色方案、配色工具

　　配色一直是职场人士制作幻灯片的一大难题，毕竟多数 PPT 设计者都不是专业设计师，没有色彩理论基础，所以很有必要学习 PPT 配色方法。下面将详细介绍在制作 PPT 时常用的一些配色方法。

2.3.1 传统配色方案

　　色彩配色可分为单色配色和多色搭配两种。单色配色即使用黑白灰背景色和一种主色（小面积使用）进行搭配。使用白色、黑色、灰色作为背景色可以衬托彩色，同时也能缓和多种色彩之间的冲突，如下图所示。

　　通过明度和饱和度的序列变化进行搭配，可以形成明暗的层次关系。单色方案是非常容易被视觉感受到的，特别是蓝色或绿色，如下图所示。

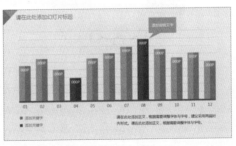

　　依据十二色环可以很容易地进行色彩搭配，下面将介绍 6 种常见的多色搭配方法。

1. 互补色搭配

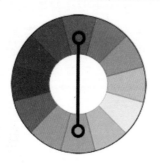

互补色是色环上相对的两个颜色（180°），常见的有橙色对蓝色，黄色对紫色，以及红色对绿色。这种色彩之间的强烈对比在高纯度的情况下会引起色彩的颤动和不稳定感，在色彩搭配中一定要处理好这种情况，不然会使画面冲突非常严重，并破坏整体效果。

互补色搭配在正式的 PPT 设计中比较少见，主要由于其特殊性和不稳定。但在各种色相搭配中，互补色搭配无疑是一种最突出的搭配，所以如果想让自己的 PPT 作品特别引人注目，表现出气势、力量与活力，具有很强的视觉冲击力，那么互补色搭配或许是一种很好的选择。

2. 近似色搭配和类似色搭配

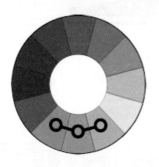

色环上距离较近（90°范围内）的色彩搭配被称为近似色搭配，或者称为类似色搭配。一般情况下，这种色彩搭配显得平静而舒服。

近似色搭配对眼睛来说是一种舒适的搭配方式。一般绿蓝紫的邻近色多数

在冷色范围内，红黄橙在暖色范围内。在使用近似色搭配时，一定要适当加强对比，不然可能会使画面显得比较平淡。

3. 三角形搭配

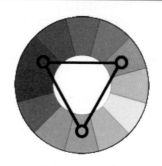

三角形搭配是在色环上等距地选出三种色彩进行搭配的方式。这是一种能使画面显得生动的搭配方式。在使用三角形搭配方式时，要选出一种色彩作为主色，另外两种色彩作为辅助色。

4. 分裂互补色搭配

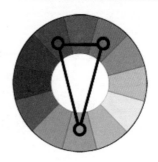

分裂互补色搭配是互补色搭配的变体，其本质是用使用类似色来代替互补色中的一种，以达到既有互补色搭配的优点，又能弥补互补色搭配的弱点。

分裂互补色的对比非常强烈，但它并不会像互补色搭配那样产生颤抖和不安的感觉。

对初学者来说，这是一种非常好用的色彩搭配方式。一般来说，使用分裂互补色搭配的画面对比强烈，且不易使色彩产生混乱的感觉。

5. 矩形搭配（双分裂互补色）

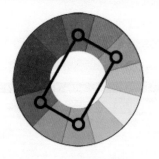

　　矩形搭配（双分裂互补色）同样是互补色搭配的变体，相比上面的分裂互补色而言，这个搭配把两种色彩都替换成了类似色。

　　这种搭配的色彩非常丰富，能使画面产生节奏感。当其中一种色彩作为主色时，这种搭配就能获得良好的效果。

　　在这种色彩搭配中，要同时注意色彩冷暖色的对比与平衡。

6. 正方形搭配

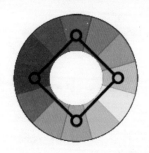

　　在正方形搭配中，四种色彩被均匀地分布在整个色彩空间中。当其中一种色彩作为主色时，这种搭配就能获得很好的效果。与矩形搭配一样，使用这种搭配方式时需要注意冷暖色的对比与平衡。

2.3.2 PPT 配色方法

　　在进行 PPT 配色时，常用的方法包括使用取色器、创建色卡，以及借鉴优秀作品的配色方案。

1. 使用 PPT 取色器

　　Office 2013 及以上版本新增的取色器功能为 PPT 配色带来了极大的便利，用户可以很方便地取用任意图片的颜色。当看到一张好看的图片时，可以通过取色器提取这张图片的主要颜色。通过此方法可以模仿一些大气的 PPT 作品的配色方案。

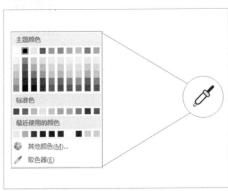

　　通过大量的网上配色网站可以获取整套的专业配色方案。例如，通过 PowerPoint 内置的取色器在一套 PPT 模板上选色，即可得到一套非常专业的配色方案。

2. 创建色卡

　　专业 PPT 设计师会充分利用 PowerPoint 画布内外的每一个角落。当确定好配色方案以后，可以自建一个色卡，利用母版功能放置在编辑区之外，以便于在每个页面中随时取色，如下图所示。

CHAPTER 01
CHAPTER 02
CHAPTER 03
CHAPTER 04
CHAPTER 05
CHAPTER 06

此外，使用过的颜色都会保存在"最近使用的颜色"列表中，从中也可以快速取色，如下图所示。

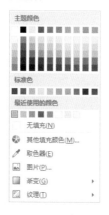

3. 借鉴优秀作品的配色方案

从一些专业的设计网站上寻找配色方案，这些网站甚至会提供作品的配色方案，如 dribbble 网站，它面向创作家、艺术工作者、设计师等人群提供作品在

线服务，供网友在线查看已完成或正在创作中的作品。

在 dribbble 网站上搜索"PowerPoint"，即可查看相关设计作品，如下图所示。

再如 BehanCe 网站，它是著名的设计社区，设计人员可以在该网站上展示自己的作品，欣赏别人分享的创意作品，还可以进行评论、关注和站内信等互动，如下图所示。

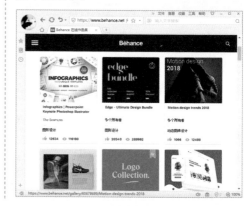

2.3.3　使用配色工具

配色不仅仅是 PPT 设计的重要组成部分，也是平面设计、网页设计、产品设计等设计工作中的重要内容。很多网站和软件都会提供专业的配色指导和资源，下面将详细介绍如何使用这些配色工具。

微课：使用
配色工具

1. 配色软件 Color Cube

Color Cube 是国内团队开发的一款功能非常强大的界面颜色取色工具。使用者通过该工具能够自由地在各种界面中进行取色操作。

（1）　分析图片颜色

使用 Color Cube 可以分析图片中的配色构成，具体操作方法如下：

STEP 1　查看色彩分布

启动软件，将图片拖至程序窗口，或将

图片粘贴到程序窗口，单击"分析"按钮，即可对图片上的颜色进行统计和分析，在"蜂巢图"选项下查看图片的色彩分布。

▌STEP 2 查看色板

选择"色板"选项，查看图片中包含的各个色块。

▌STEP 3 查看配色方案

选择"色彩索引"选项，查看配色方案。

▌STEP 4 选择"配色快照"选项

❶在工具栏中单击"保存"按钮📇，❷选择"配色快照"选项。

▌STEP 5 保存配色方案

在弹出的对话框中，❶选择保存位置，❷单击"保存"按钮。

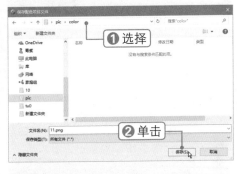

▌STEP 6 查看图片配色

打开保存的图片，查看图片配色。

CHAPTER 01
CHAPTER 02
CHAPTER 03
CHAPTER 04
CHAPTER 05
CHAPTER 06

(2) ▶ 屏幕取色

使用 Color Cube 屏幕取色功能可以随时复制屏幕中指定位置的颜色，具体操作方法如下：

│ STEP 1 │ 选择"设置"选项

❶ 在程序窗口右上方单击"主菜单"下拉按钮▼，❷ 选择"设置"选项。

│ STEP 2 │ 设置取色格式

弹出"设置"对话框，在"取色格式"下拉列表中选择"16 进制"选项。

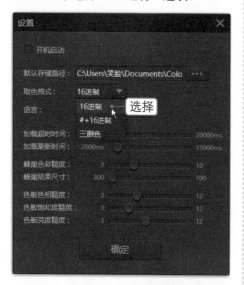

│ STEP 3 │ 进入屏幕取色

在工具栏中单击"屏幕取色"按钮█，进入屏幕取色状态。

│ STEP 4 │ 复制颜色值

将鼠标指针悬停在图片上，即可显示指针所在位置的颜色值，单击颜色值即可进行复制。

2. 在线配色工具 Adobe Kuler

Adobe Kuler 是一个基于网络的在线配色工具，它提供了色彩主题，还可以依据色环自定义配色，其使用方法如下：

│ STEP 1 │ 选择色彩规则

打开 Adobe Kuler 网站，❶ 单击"色彩规则"下拉按钮，❷ 选择"单色"选项。

│ STEP 2 │ 设置单色配色

在色环上拖动颜色控制点，或在下方拖动相应的色块调整颜色。

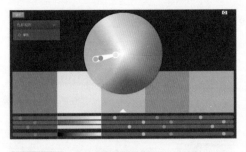

STEP 3 设置复合配色

❶在"色彩规则"下拉列表中选择"复合"选项，❷在色环上拖动色块调整颜色。

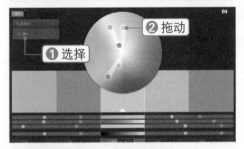

STEP 4 导入图片

单击页面右上方的"根据影像建立"按钮◎，弹出"打开"对话框，❶选择图片，❷单击 打开(O) 按钮。

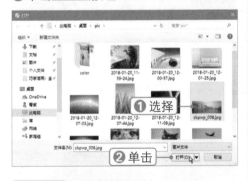

STEP 5 生成图片配色

此时程序会依据图片进行自动配色，也可在图片上拖动更改配色方案。

STEP 6 查看更多配色方案

单击"探索"超链接，可以查看最受欢迎的配色方案。

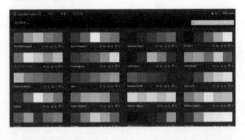

3. 人工智能颜色调色板

Color Mind 是一个基于人工智能的 AI 学习系统，它熟知颜色理论，可以从头开始生成颜色调色板，还可以采用用户输入的色值智能地填充空白。

打开网站首页会随机生成几组配色方案，单击 Generate 按钮 也可以自动生成。要进行手动配色，可单击色块下方的 按钮，在调色板中选取颜色，如下图所示。

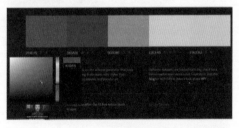

单击色块下方的 按钮，可固定颜色值。固定指定的某几种颜色后，可逐次单击 Generate 按钮，查看生成的配色，直到满意为止，如下图所示。

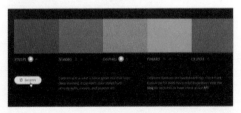

在 Website Colors 选项下可以一边配色，一边实时预览网页效果，如下图所示。

在 Templates 选项下同样可以执行配色操作，查看不同项目的示范效果。因为网站演示中的背景色、文字颜色等顺序是固定的，在配色时应适当调整配色次序，才能获得更好的展示效果，如下图所示。

在 Image Upload 选项下可以上传图片，程序会从图片中随机提取 5 种配色。这 5 种颜色可能不是图片中最具代表性的颜色，但它们搭配在一起是最合适的。要查看不同的配色结果，可再次单击 Generate 按钮。下图所示为通过上传的 4 张图片生成的自动配色。

4. 配色网站 Colorpicker

Colorpicker for data 网站是一个操作较为简单的配色网站（http://tristen.ca/hclpicker），可以通过拖动选取两种主要颜色，并为两种颜色自动生成纯度较低的配色，如下图所示。

5. 配色网站 Colorhexa

Colorhexa 是一个免费的颜色工具（http://www.colorhexa.com），它提供与任何颜色相关的信息。只需在搜索框中输入任意颜色值，就能返回一个详细的描述，并自动将其转换成对应的十六进制、二进制等，如下图所示。

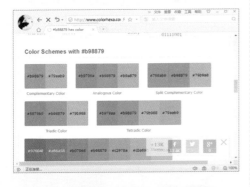

实操解疑 ❓

选择系统颜色

在选取颜色时，还可参考系统中的纯色方案。打开"个性化"设置窗口，在左侧选择"颜色"选项，即可查看系统颜色方案。

6. 配色网站 paletton

在该网站中选择一个主色调，就能给出配色参考方案，甚至一个完整的配色实例，如下图所示。

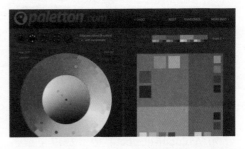

7. 其他配色资源网站

除了前面介绍的配色工具外，还有一些其他的配色资源网站，下面将进行简单介绍。

（1） 配色网

配色网（http://www.peise.net）是交流色彩的专业网站，它提供了大量的优秀配色方案，为学习者提供了大量的免费资料，如下图所示。

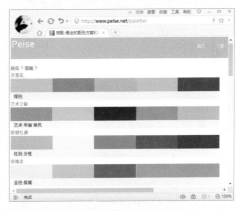

（2） 千图网配色工具

千图网配色工具（http://www.58pic.com/peise）汇聚了各种功能的配色小工具，如智能配色、色彩海洋、趣味配色、美图配色和传图配色等，如下图所示。

CHAPTER 01
CHAPTER 02
CHAPTER 03
CHAPTER 04
CHAPTER 05
CHAPTER 06

(3) ▶ 中国传统色彩

在优设网关于中国传统色彩的网页（http://color.uisdc.com）中，提供了很多中国传统色彩的名称以及分类，如下图所示。

(4) ▶ 中国色

中国色（http://zhongguose.com）是一个提供各种中国传统颜色名称、CMYK值、RGB值、16进制表示的颜色站点，随机单击一个颜色，就会出现详细的数值，如下图所示。

(5) ▶ 网页设计常用色彩搭配表

网页设计常用色彩搭配表（http://tool.c7sky.com/webcolor）按色相、印象对颜色搭配进行分类，让用户在使用时不会出现明显的色彩搭配错误，如下图所示。

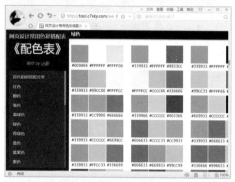

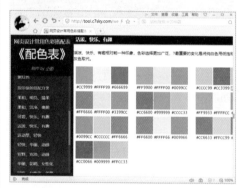

(6) ▶ 颜色猎人

Color Hunt 网站（http://colorhunt.com）是一个致力于帮助设计师更好地选择颜色搭配组合的站点，从互联网中收集了海量的完美色彩组合供用户参考，如下图所示。

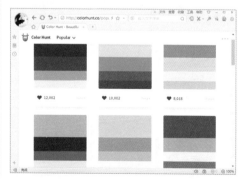

(7) 美丽渐变色分享

Uigradients 网站（https://uigradients.com）是以分享美丽渐变色彩为主的分享站点，其中提供了大量渐变配色方案，用户可以根据自己的配色风格来选择搭配方案，如下图所示。

(8) 线性渐变配色

WebGradients 网站（https://webgradients.com）提供了流行的渐变色彩配色方案，PPT 经常需要用到渐变色作为修饰元素或幻灯片背景，还提供 PNG 图片下载等，如下图所示。

商务办公 私房实操技巧

TIP：使用取色器选取 PowerPoint 窗口以外的颜色

私房技巧 使用取色器除了可以在 PowerPoint 2016 中快速取色外，还可以选取 PowerPoint 窗口以外的颜色，方法如下：

1 选择要设置颜色的形状，单击"形状填充"下拉按钮，在弹出的下拉列表中选择 取色器 选项，如下图（左）所示。

2 此时鼠标指针变为取色器样式 ，在幻灯片中单击并按住鼠标左键不放，如下图（右）所示。

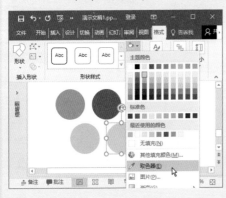
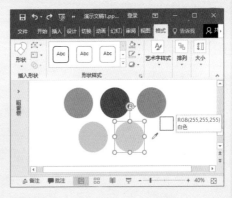

3 将鼠标指针移至窗口以外要取色的图像上，如下图（左）所示。

4 松开鼠标后，即可成功取色，如下图（右）所示。

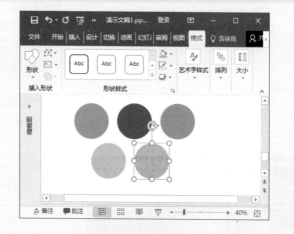

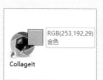

TIP：使用射线渐变提高质感

为幻灯片应用渐变背景可以使页面看起来更有层次感，提升设计的质感。下面为一张幻灯片应用射线渐变背景，方法如下：

1️⃣ 打开"设置背景格式"窗格，选中"渐变填充"单选按钮，如下图（左）所示。

2️⃣ 在"渐变光圈"中设置两个色块的渐变颜色，在此设置同色渐变，先将两个色块设置为相同的颜色，如下图（右）所示。

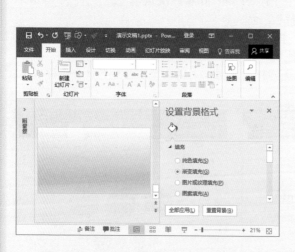

3️⃣ 选中左侧的色块，提高其亮度，在此将"亮度"设置为 65%。在"类型"下拉列表框中选择"射线"选项，在"方向"下拉列表框中选择"从中心"样式，如下图（左）所示。

4️⃣ 在幻灯片中插入所需的元素，查看此时的幻灯片效果，渐变光源从背景中心向外扩散，如下图（右）所示。

CHAPTER
01

CHAPTER
02

CHAPTER
03

CHAPTER
04

CHAPTER
05

CHAPTER
06

TIP：设置线性渐变分隔页面

私房
技巧
在设置线性渐变时，若将色块的位置进行重叠，即可分割幻灯片页面，方法如下：

1️⃣ 在"设置背景格式"窗格中设置幻灯片背景为两个颜色之间的线性渐变填充，"角度"为 90°，如下图（左）所示。此时的幻灯片显示效果如下图（右）所示。

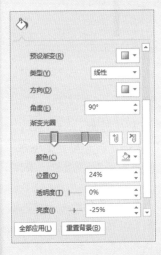

2️⃣ 在"设置背景格式"窗格中依次选择两个色块，并将其"位置"设置为 60%，如下图（左）所示。此时即可将页面分割为两部分，如下图（右）所示。

③ 将渐变角度分别调整为 150°、30°、210° 和 330°，查看不同的分割效果，如下图（左）所示。

④ 采用同样的方法，还可设置更多位置的分割效果，如下图（右）所示。

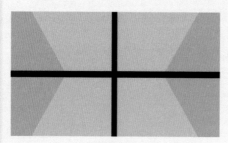
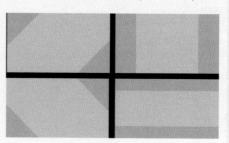

TIP：设计 PPT 需要规避的配色方案

私房技巧 乱用颜色是 PPT 设计中的大忌，以下几种配色是需要规避的：

① **太亮的霓虹色**：闪亮的霓虹色看起来很有趣，能让页面显得非常亮眼。但这种颜色会让眼睛觉得不舒服，而且会使文字内容难以阅读。要解决这个问题，可以降低霓虹色的亮度。

② **"震颤"的色彩**：当高饱和度的两种色彩搭配在一起时，就会产生一种"震颤效应"，两种色彩之间会产生模糊、震颤或者发出光晕的视觉效果。

③ **使内容难以阅读的配色**："浅色＋浅色""亮色＋亮色""深色＋深色"这些明度接近的配色会造成辨识度问题，使 PPT 内容难以阅读。

④ **彩虹式配色**：色彩的搭配是有一定规律的，当页面中使用很多不同的颜色时，各种颜色之间会产生相互干扰，会让观众产生不适应的感觉。

商务与工作型 PPT 配色设计

CHAPTER
01

CHAPTER
02

CHAPTER
03

CHAPTER
04

CHAPTER
05

CHAPTER
06

Ask Answer 高手疑难解答

问 如何搭配有图片的 PPT 的色彩？

图解解答 观察幻灯片中的图片，从中找出面积最大的 1~3 种色彩，使用取色器提取其中的一种颜色作为主色，这样页面效果会显得非常和谐，如右图所示。

问 如何利用 RGB 值调色？

图解解答 虽然可以借助色卡，但色卡也不是万能的。我们应了解在 RGB 中改变某个数值颜色会发生怎样的变化，以及从色彩对比和色彩调和的角度看应该改变哪个数值等。

在 RGB 颜色模式下可以调出六种基本颜色，分别为红、绿、蓝、黄、品、青。红（R）绿（G）蓝（B）三原色两两混合生成的二次色为黄色、青色和品红（洋红）。其中，红色＋绿色＝黄色（Y），红色＋蓝色＝品红（M），蓝色＋绿色＝青色（C），如下图（左）所示。将三原色与二次色再进行混合，生成 6 种三次色，如下图（右）所示。

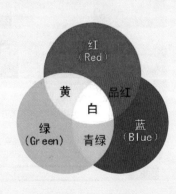

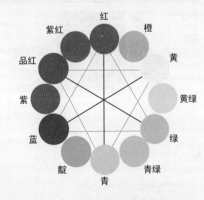

在进行调色时，所调色与其次级色有关。例如，若要增加红色，可以增加黄色和品红，减少青色（红色的对立色）。由于 RGB 三原色相加为最亮的白色，因此要想提高某种颜色的亮度，可以同时增加 RGB 三个值，在 PowerPoint 中只需拖动明度滑块即可。当然，在 PPT 设计中不建议使用亮度较高的颜色，因为这样很容易导致眼睛疲劳。

CHAPTER 03

商务与工作型 PPT
素材的搜集

本章导读

　　一个好的素材可以让 PPT 非常出彩。在制作商务与工作型 PPT 时，经常需要搜集一些必要的素材。搜集素材是一件很耗费时间的工作，因此建议在平时注意积攒一些好的设计素材。本章将介绍如何快速搜集 PPT 模板、图片、字体、图标与音频等素材。

知识要点

01　找模板

02　找图片

03　找字体

04　找图标

05　找音频

案例展示

▼ 演界网 PPT 模板

▼ Hippopx 找图片

▼ 求字体网查字体

▼ flaticon 找图标

Chapter 03

3.1 找模板

■ 关键词：花瓣网、演界网、优品 PPT、五百丁、
我图网、OFFICE PLUS

在设计制作 PPT 时，可以参考和学习别人优秀的 PPT 作品，或直接套用模板，以快速完成工作。找 PPT 模板一般要从 PPT 素材网站上搜集，下面将介绍几个常用的 PPT 模板网站。

1. 花瓣网

花瓣网（http://huaban.com）是一个基于兴趣的社交分享网站，该网站为用户提供了简单的采集工具，帮助用户将自己喜欢的图片重新组织和收藏。只要拥有花瓣网账号，就可以轻松搜集自己需要的资料。

在花瓣网搜索"商务 PPT"，查看搜索结果，如下图所示。

2. 演界网

演界网（http://www.yanj.cn）是国内 PPT 设计交易平台，由专业 PPT 设计公司整合锐普 PPT 设计、锐普 PPT 论坛、锐普 PPT 商城和锐普 PPT 市场等资源组建而成。

演界网提供 PPT 模板、PPT 图表、PPT 动画、PPT 作品、keynote 模板、演示图片、prezi 和演示定制等服务，PPT 模板类型囊括咨询、广告、烟草、建筑、医疗、汽车、金融、科技、IT、信息、旅游、教育和党政等行业，其首页如下图所示。

3. 优品 PPT

优品 PPT 模板网（http://www.ypppt.com）是一家专注于分享高质量的免费 PPT 模板下载网站，包括 PPT 图表、PPT 背景图片、PPT 素材和 PPT 教程等各类 PPT 资源，如下图所示。

4. 五百丁 PPT 模板

五百丁 PPT（http://ppt.500d.me）是国内领先的 PPT 模板共享平台，平台入驻了百名优秀设计师，每日更新海量精品 PPT，专注商务、简洁、动态 PPT，

支持 PPT 背景图片、幻灯片模板和免费 PPT 素材下载，如下图所示。

5. 我图网 PPT 模板

我图网（http://m.ooopic.com）提供海量平面设计素材，为用户和设计师提供作品交易的平台，包括背景墙素材、PPT 模板、淘宝素材和视频素材等，如下图所示。

6. PowerPoint Templates

PowerPoint Templates（https://www.presentationload.com）是德国的一家专业

商务 PPT 设计网站，其作品质量非常专业，在设计 PPT 时可以参考该网站上的作品寻找灵感，如下图所示。

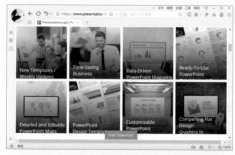

7. OFFICE PLUS

OFFICE PLUS 是微软官方在线模板网站（http://office.mmais.com.cn/Template/Home.shtml），其中提供了各类精品 PPT 模板、PPT 实用模块等，如下图所示。

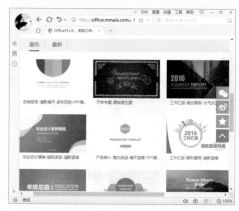

Chapter 03

3.2 找图片

■ 关键词：LibreStock、Unsplash、PixaBa、StockSnap、
站酷、百度识图

具有美感、设计感与高清的图片往往会为 PPT 增色不少，下面推荐一些常用的高质量图片网站。

1. LibreStock

LibreStock 网站（https://librestock.com）

是一个致力于高清、优质图片推荐和搜索的站点。该网站通过特定的算法机制整合了众多的优质素材站点，用户可以通过关键词来搜索自己想要的素材图片，筛选出来的图片列表可以预览，单击图片会直接跳转到目标站点上。例如，搜索 building office，如下图所示。

2. Unsplash

Unsplash 网站（https://unsplash.com）是国外的一个免费壁纸分享网站，每天更新一张高质量的图片素材，全是生活中的景象作品，可供下载和商用，如下图所示。

3. 摄影大图网站

500px 网站（https://500px.com）是一个由世界各地的摄影爱好者组成的高品质图片社区，如下图所示。

4. Hippopx

Hippopx 网站（https://www.hippopx.com/zh）是一个基于 CC0 协议的免版权图库，提供了各种高清、精美的图片供用户免费下载。这些高清摄影图片包含人物、动物、风景、名胜、美食、旅游和建筑等，所有的图片均可免费下载使用，无任何版权限制，如下图所示。

5. PixaBay

PixaBay 网站（https://pixabay.com）是一个提供免费高质量图片素材的分享网站，它所提供的图片不论数字格式或者印刷格式，不论个人使用还是商业用途，都可以免费使用，如下图所示。

6. Pexels

Pexels 网站（https://www.pexels.com）是免费高品质图片下载网站，提供海量共享图片素材，每周都会进行更新。所有图片都会显示详细的信息，如拍摄相机型号、光圈、焦距、ISO，以及图片的分辨率等，如下图所示。

CHAPTER 01

CHAPTER 02

CHAPTER 03

CHAPTER 04

CHAPTER 05

CHAPTER 06

7. Gratisography

Gratisography 网站（http://www.gratisography.com）是一个免费高分辨率摄影图片库，提供免费的高品质摄影图片，所有图片都可用于个人或商业用途，每周都会进行更新。该网站提供的图片素材大多非常具有创意和视觉冲击力，如下图所示。

8. 百度识图

在制作 PPT 时，有时要用的图片分辨率较低，此时可以使用百度图片的

识图功能以图找图。打开百度图片页面（http://image.baidu.com），单击"本地上传"按钮，上传电脑中的图片，如下图所示。

图片上传完成后即可识别图片，可以按尺寸大小排序搜索到的图片，如下图所示。

9. VECTORHQ

VECTORHQ 网站（https://cn.vectorhq.com）提供了大量免费的设计作品，包括矢量图、PSD 图片、图标、纹理、标志和素材包等，如下图所示。

10．站酷

站酷（http://www.zcool.com.cn）是国内人气设计师互动平台，它聚集了 470 万名优秀设计师、摄影师、插画师、艺术家和创意人，在设计创意群体中具有较高的影响力与号召力，如下图所示。

11．Graphicriver

Graphicriver 是一个图片素材交易站点（https://graphicriver.net），通过支付购买自己所需要的素材，网站也提供了部分免费的素材让会员下载。Graphicriver 除了提供图片素材外，其旗下还有多个网站，内容涵盖了 3D 素材、音视频素材和模板等，如下图所示。

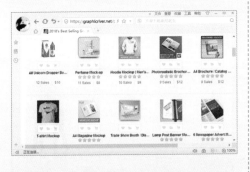

12．1001 Free Downloads

1001 Free Downloads 网 站（http://www.1001freedownloads.com）汇集了多种类型的免费资源，其中包括矢量图片、摄影图片、字体、图标和壁纸等，是设计师

们寻找免费素材的理想网站之一，注册账号后即可免费下载各类素材，如下图所示。

13．StockSnap

StockSnap 网 站（https://stocksnap.io）是一个提供可自由下载使用的高清晰摄影图片作品的素材库。该网站提供了丰富的免费照片，图片可商用而无须经过授权，如下图所示。

14．Public Domain Pictures

Public Domain Pictures 网 站（https://www.publicdomainpictures.net）是一个由

业余摄影爱好者上传分享的公共领域图片资源库，图片可以免费下载，但超高清图片则需要付费下载，如下图所示。

15. Stockvault

Stockvault 网站（https://www.stockvault.net）是一个图片分享站点，它收集和存档高清晰照片并免费提供给用户下载使用，如下图所示。

16. FreePik

FreePik 免费 PSD 素材搜索引擎（https://

www.freepik.com）是一个基于素材的搜索引擎站点，为设计师提供高质量的图片、向量图、矢量图、插图和 PSD 文件素材搜索服务，如下图所示。

17. Vecteezy

Vecteezy 网站（https://www.vecteezy.com）是一个免费的矢量图索引站点，它收集了非常多的图片素材，可以随时供用户下载免费的素材，如下图所示。

Chapter 03

3.3　找字体

■ 关键词：字体之家、英文字体下载、求字体网、字体传奇、书法字体

系统中自带的字体是有限的，要想丰富 PPT 的表达力，还需在系统中安装各种字体，下面推荐一些常用的字体下载与设计网站。

1. 字体之家

"字体之家"网站（http://www.17ziti.

com）提供了比较全面的中文字体下载，用户可以直接下载并使用，如下图所示。

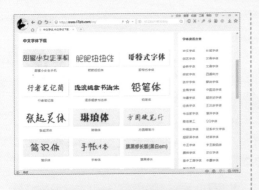

2．英文字体下载

1001freefonts 网 站（https://www.1001freefonts.com）是一个国外的免费英文字体下载站点，其字体按效果分类，如 3D、刷子、手写、恐怖、冰雪和装饰字体等，如下图所示。

3．求字体网

求字体网（http://www.qiuziti.com）是一个非常实用的字体查询网站，如果在工作中遇到一些文本不知道是什么字体，这时可以将这个字体的图片上传，该网站就可以帮助用户找到需要的字体并提供下载，如下图所示。

4．字体传奇

字体传奇网（http://www.ziticq.com）是以字体、标志、品牌、创意、设计师学习交流、设计教程公开课和互动为主的一个平台，拥有很多字体资源及字体设计教程，如下图所示。

5．书法字体

书法字体在线工具（http://www.shejidaren.com/examples/tools/shu-fa-zi-ti/index.html）可以生成多种不同风格的手写（毛笔）书法字体，还可手动更改其中单字的字体样式，如下图所示。

CHAPTER 01
CHAPTER 02
CHAPTER 03
CHAPTER 04
CHAPTER 05
CHAPTER 06

Chapter 03

3.4 找图标

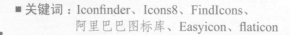

■ 关键词：Iconfinder、Icons8、FindIcons、
阿里巴巴图标库、Easyicon、flaticon

在设计 PPT 时，若搭配使用图标，不仅可以起到美化页面的作用，还能使内容信息更加清晰明了，下面推荐一些常用的图标下载网站。

1. Iconfinder

Iconfinder 网站（https://www.iconfinder. com）是一个专注于图标的搜索引擎，通过它可以快速找到高质量的图标，并提供 PNG、ICO 等格式的图标下载，不过有些下载是要收费的，如下图所示。

2. Icons8

Icons8 网 站（https://icons8.com）是一个提供免费 iOS、Windows 和 Android 的平面化设计图案为主的搜索引擎，目前提供了近 4 万个素材资源，同时也提供了各种格式、各种尺寸和配色，让使用者也能自定义制作，如下图所示。

3. FindIcons

FindIcons 网站（https://findicons.com）是一个免费图标搜索引擎，拥有海量的图标库，先进的搜索过滤和匹配算法让用户能够轻松地找到每个设计任务中需要的图标，如搜寻特定尺寸、颜色、类型和授权方式等，如下图所示。

4. 阿里巴巴图标库

阿里巴巴矢量图标库（http://www. iconfont.cn）是由阿里巴巴体验团队倾力打造的矢量图标库，其提供矢量图标下载、在线存储和格式转换等功能，是设计师和前端开发的便捷工具，如下图所示。

5. Easyicon

免费图标搜索下载网（http://www.easyicon.cn）是一个免费搜索图标的搜索引擎站点，其收录了超过 40 万个精美的 PNG、ICO、YCNS 图标，还可按颜色、热度和尺寸排序图标，如下图所示。

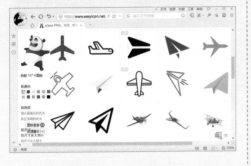

6. Flaticon

FlatIcons 网站（http://flaticons.net）是一个提供免费 ICON 图标素材的站点，支持 PNG、SVG、EPS、PSD 和 BASE 64 等格式的下载，还可在线对图片进行编辑，如下图所示。

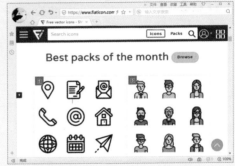

Chapter 03

3.5 找音频

■ 关键词：Adobe 免费音效库、FindSound、FreeSFX、OpenGameArt、Sound Jay

在制作 PPT 的过程中，有时需要为 PPT 配上背景音乐或为动画添加音效，使用百度搜索关键词"音效""配乐""背景音乐"等即可找到大量的音频素材网站。下面推荐几个可以下载音频素材的网站。

1. Adobe 免费音效库

Adobe 公司提供了专业级的音效、配乐素材库（https://offers.adobe.com/en/na/audition/offers/audition_dlc.html），单击相应的超链接即可进行下载，如下图所示。

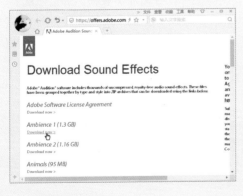

2. FindSounds

FindSounds 免费音效搜索引擎（http://www.findsounds.com/typesChinese.html）是一个音频搜索引擎，该引擎包含了 100 多万个各式各样的音效，如下图所示。

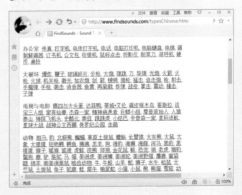

CHAPTER 01

CHAPTER 02

CHAPTER 03

CHAPTER 04

CHAPTER 05

CHAPTER 06

3. FreeSFX

FreeSFX 网站（http://freesfx.co.uk）是一个国外音效搜索引擎，注册后可以免费下载使用，如下图所示。

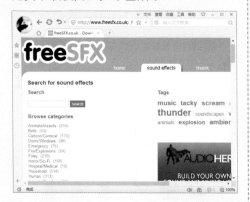

4. OpenGameArt

OpenGameArt 网站（https://opengameart.org）是一个为游戏开发者提供丰富美术素材的站点，从 sprite 表到 3D 模型，从音乐到音效，应有尽有，如下图所示。

5. Sound Jay

Sound Jay 网站（https://www.soundjay.com）提供了免费的高质量音效素材，分类清晰，但数量不多，如下图所示。

商务办公 私房实操技巧

TIP：搜寻图表数据

在一些企业年报或从网上的数据咨询网站上可以查阅相关数据，如国家统计局、民政部数据统计公报、Wind 数据库、巨潮咨询、金融信息网和大数据导航等。

TIP：保存网页中的全部图片

可以在 Chrome 浏览器及其衍生浏览器（如 360 极速浏览器、猎豹浏览器、百度浏览器）中安装扩展软件——图片助手（ImageAssistant），使用它可以嗅探与分析网页图片，并提供图片的筛选与下载等功能。

TIP：**修改 PPT 模板**

 下载的 PPT 模板往往不能直接使用，还需对其进行适当的修改，如替换字体、更换背景，以及重新组合形状等。若幻灯片中的对象无法选中，则需要切换到"幻灯片母版"视图中进行修改。

TIP：**使用样机素材**

 样机就是将设计作品应用到实际场景中，直观地展示设计效果。使用样机素材可以使 PPT 的设计更具真实感。我们可以从网上搜索下载样机素材，并在 Photoshop 软件中直接换图即可。

Ask Answer　高手疑难解答

问　为何搜不到自己想要的图片？

图解解答 在利用关键词搜图时，若找不到自己所需的图片，可以尝试使用相似含义的英文单词进行搜索，结果会有更多发现，例如，使用百度图片搜索"创新"和 creative 会显示不同的图片，如下图所示。

还可发散思维对搜索关键词进行联想，更换关键词进行搜索。例如，从词语"网购"可以联想到"淘宝""支付宝""双十一""剁手""便宜""快递""团购""好评"和"买家秀"等。

CHAPTER 01
CHAPTER 02
CHAPTER 03
CHAPTER 04
CHAPTER 05
CHAPTER 06

问 如何将图片批量导入到 PowerPoint 中？

图解解答 利用 PowerPoint 中的 "相册" 功能可以批量导入图片，方法如下：

1️⃣ 选择 **插入** 选项卡，在 "图像" 组中单击 "相册" 按钮，如下图（左）所示。

2️⃣ 弹出 "相册" 对话框，单击 文件/磁盘... 按钮，如下图（右）所示。

3️⃣ 在弹出的对话框中选择多个图片进行插入，返回 "相册" 对话框。选中列表中的图片可以进行预览，还可在预览框下方调整角度、亮度与饱和度等。在对话框下方选择图片版式和相框形状，然后单击 创建(C) 按钮，如下图（左）所示。

4️⃣ 此时即可生成相册文件，查看导入的图片效果，如下图（右）所示。

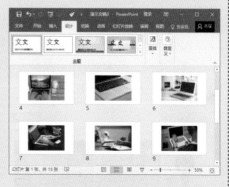

CHAPTER 04

方便、实用的 PPT 制作辅助工具

本章导读

智者当借力而行，工具使用得当，能让很多工作事半功倍。有很多辅助工具在 PPT 设计制作过程中同样扮演着非常重要的角色，利用这些工具不仅可以缩短 PPT 制作时间，还会为 PPT 作品增添创意，使其更加完美。

知识要点

01 使用图片辅助工具
02 使用图表辅助工具

03 使用 PPT 设计辅助工具
04 使用 PowerPoint 自身工具

案例展示

▼ 低多边形生成器

▼ 在线图表制作工具

▼ 设置文本随机颜色

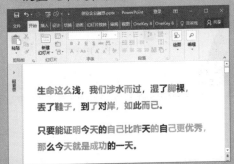

▼ 使用"选择"窗格

Chapter 04

4.1 使用图片辅助工具

■ 关键词：无损放大、去水印、生成低多边形、
图片拼贴、地图生成器、文字云

找到自己所需的 PPT 图片素材后，有时还需要对其进行编辑处理。可以在 Photoshop 等图像处理软件中进行操作，但对于没有 Photoshop 使用基础的人来讲就会感觉有些困难。下面将介绍一些非常实用的图片辅助工具。

4.1.1 无损放大图片

在处理 PPT 素材图片时，常常会遇到图片放大后损失像素的情况，使用 Photozoom 处理放大图片可以尽可能地提高放大或缩小时的图片品质，消除锯齿，减少失真。例如，下面将一张很小的 QQ 头像进行放大，如右图所示。

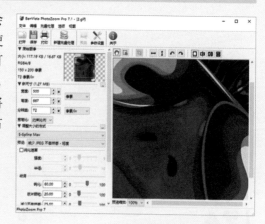

4.1.2 图片去水印

从网上下载的图片很多都带有各种标志、网址等水印，此时可以利用去水印工具快速去除水印。

1. Inpaint 去水印

Inpaint 是一款强大、实用的去除图像背景瑕疵的软件，它可以去除图像中不需要的痕迹，如水印、划痕、污渍、标识、线条、人物与文字等。

使用 Inpaint 打开图片，在左侧选择套索工具，在图像右下方拖动鼠标选择要去除的文字，然后单击"处理图像"按钮，即可去除文字，如下图所示。还可以使用"魔术笔"在图像瑕疵上涂抹以选择范围，然后使用"橡皮擦"对选取的范围进行擦除。

若去除不彻底或产生了其他痕迹，可以重复执行此操作，去除水印的效果如下图所示。

CHAPTER 01

CHAPTER 02

CHAPTER 03

CHAPTER 04

CHAPTER 05

CHAPTER 06

使用美图秀秀网页版打开要处理的图片，在上方工具栏中单击"消除笔"按钮，并设置画笔大小，在要去除的水印上进行绘制，松开鼠标后即可去除水印，如下图所示。

秒杀技巧　与原图对比

去除水印后，在工具栏中单击"查看原图"按钮回并按住鼠标左键不放，可以查看原图效果。

2. 美图秀秀去水印

美图秀秀网页版（http://xiuxiu.web.meitu.com）是美图秀秀图片处理软件的在线版，简单易用。使用其"消除笔"功能可以轻松地去除图片中的水印。

4.1.3　低多边形生成工具

低多边形（Low-Poly）是目前设计师比较青睐的风格，这类简洁又不失现代感的风格既不会喧宾夺主，也不会影响文本阅读，还不会显得单调乏味，常被用作 PPT 的背景。

微课：低多边形
生成工具

1. 三角形发生器

Trianglify Generator 为在线三角形图案生成工具（http://qrohlf.com/trianglify-generator），通过简单几步就能制作出五彩缤纷的多边形背景。

通过左侧选项可以设置背景的宽度、高度、多边形的方差以及大小。当背景图形设置完成后，单击页面下方的 SVG 或 PNG 超链接，即可下载图片，如下图所示。

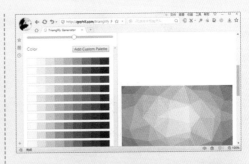

2. 几何化图像

Geometrize Haxes 是一款在线图片处

理工具（http://www.samcodes.co.uk/project/geometrize-haxe-web），可以将上传的图像进行各种几何化处理。该工具提供了方形、三角形、圆形和线条等基础元素，可以随意组合生成图像，如下图所示。

例如，上传一张熊猫图像，然后利用 Geometrize Haxes 工具以三角形将其几何化，效果如下图所示。

在几何化过程中添加直线形状，查看生成的图像效果，如下图所示。

3. 低多边形制作工具

利用低多边形制作工具可以快速

生成一张 lowpoly 图片，具体操作方法如下：

STEP 1 查看制作方法

打开设计网站（http://www.shejidaren.com/examples/tools/low-poly），查看制作方法。

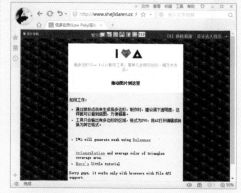

STEP 2 生成低多边形

将一张图片拖至该网页中指定的位置进行导入，通过在图片中单击即可快速生成低多边形。

单击

STEP 3 增加随机顶点

拖动多边形的顶点可以调整其位置，在上方单击"随机"超链接，可以快速增加 25 个随机顶点。

单击

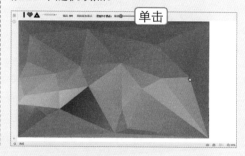

STEP 4　调整不透明度

如果需要临摹背景图片中特定的图像，可以拖动工具栏中的滑块，调整多边形的透明度。制作完成后，单击上方的"输出"超链接，即可生成 LowPoly 背景图片。

拖动

4.1.4　图片拼贴工具

使用图片拼贴工具可以很方便地将图片拼贴为图片墙或指定的形状，下面将简要介绍两款简单易用的图片拼贴工具。

1. CollageIt 图片拼贴

CollageIt 是一款非常易用的照片拼贴软件，其功能强大，操作简单，只需通过添加照片、设置参数，并生成预览和保存图像，即可完成照片拼贴。使用 CollageIt 拼贴图片后形成图片墙，可以用作 PPT 封面，如下图所示。

2. Shape Collage 图片堆叠

Shape Collage 是一款创意图片堆叠拼贴工具，使用它可以轻松地制作出任意形状的图片堆叠拼图，如矩形、心形、圆形、字母形状，甚至自定义形状。在制作过程中，允许调整拼贴大小、图片大小、图片数量、图片间距、背景和边框颜色等。例如，使用 Shape Collage 将图片拼贴为数字，如下图所示。

4.1.5　矢量图转换工具

Vector magic 是一款将位图转换为矢量图的工具软件，图片转换为矢量图后不会因为放大而出现失真。使用 Vector magic 打开一张图片，可以看到当图片放大后开始失真，出现像素点。在右侧选择要执行的操作，单击"高级"按钮，可手动设置转换参数，如下图（左）所示。

当图片转换完成后，即可将其转换为矢量图，放大图片也不会出现失真现象，如下图（右）所示。单击"另存"按钮，可将图片保存为 AI 格式的矢量图。

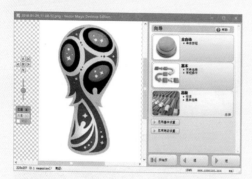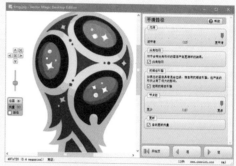

4.1.6 文字云图片制作工具

WordArt 是基于网络版的在线艺术词汇创作工具（https://wordart.com），它支持中文字体的导入，可以轻松地制作出独特的文字云词汇图案，如下图（左）所示。

还可根据需要导入图片，它会自动识别图片，以生成自定义轮廓。例如，在此上传一张动漫人物"柯南"的图片，即可生成以此图片为轮廓的文字云图案，如下图（右）所示。

Chapter 04

4.2 使用图表辅助工具

■关键词：在线制作图表、图表秀、ECharts、Venngage

在 PowerPoint 中编辑图表需要在 Excel 程序中操作，对于不熟悉 Excel 的用户操作起来可能会有些麻烦。下面推荐几个在线图表制作工具，简单易用。

4.2.1 图表秀

图表秀提供免费在线图表制作工具（https://www.tubiaoxiu.com），支持自由布局与联动交互分析，操作简单，支持动态交互的高级数据可视化分析图表的制作，支持一键导入 PPT，如下图（左）所示。

注册账号后即可在线编辑图表，选择所需的图表类型，然后编辑图表数据，设置相关的布局和主题选项，单击"导出"按钮，选择 PPT 选项，即可将图表导入到 PPT 中，如下图（右）所示。

4.2.2 百度图表制作工具 ECharts

ECharts 是百度的一款商业图表制作工具（http://echarts.baidu.com/examples.html），提供直观、生动、可交互、可高度个性化定制的数据可视化图表，具有拖拽重计算、数据视图和值域漫游等特性，大大增强了用户体验；支持折线图、柱状图、散点图、K 线图、饼图、雷达图、地图和仪盘表等 12 类图表，同时提供标题、详细气泡、图例、值域、时间轴和工具箱等交互组件，还支持多图表、组件的联动和混搭，如右图所示。

4.2.3 Venngage 图表在线制作

Venngage 是一款在线模板编辑工具（https://venngage.com），附带大量的 PPT、图表、新闻和海报等类型的版式。要使用其中的图表，可以在打开模板后选择图表，并编辑其中的数据即可，如右图所示。

CHAPTER 01
CHAPTER 02
CHAPTER 03
CHAPTER 04
CHAPTER 05
CHAPTER 06

Chapter 04

4.3 使用 PPT 设计辅助工具

■ 关键词：Xmind、百度脑图、PPT 美化大师、
OK 插件、PPTminimizer

在 PPT 制作过程中，使用一些辅助工具或插件可以帮助用户提高工作效率，例如，使用思维导图工具理清幻灯片之间的逻辑关系，使用 PPT 插件扩展更多功能，以及使用压缩工具减小 PPT 大小等。

4.3.1 思维导图工具

不管 PPT 的用途是展示还是演讲，其背后的逻辑是最重要的。只有通过非常严谨的逻辑，才能有力地传达信息。一份 PPT 的逻辑结构主要分为总分式和递进式。

总分式的表达方式，其特点是结构清晰和并列介绍。例如，要展示某个商品，展示顺序可能就是外观、功能和价格等，这些点之间的逻辑性不是很强，因此它们是一种并列的关系，适合采用"总分"的结构。

递进式的表达方式，其特点是演绎推理，推倒结论，强调内容之间的逻辑连贯性。例如思维的三个模式，WHAT（是什么）→ WHY（为什么）→ HOW（怎么做），这个顺序具有很强的逻辑推理性，一般情况下不能进行颠倒。

当确定好表达方式后，应先在草稿纸上或者运用相关的思维导图软件画出逻辑结构，让展演思路更加清晰。下面推荐两款很好用的思维导图软件。

1. XMind

XMind 是一款非常实用的商业思维导图软件，使用它不仅可以绘制思维导图，还能绘制鱼骨图、二维图、树形图、逻辑图和组织结构图等，并且可以方便地在这些展示形式之间进行转换，如下图所示。

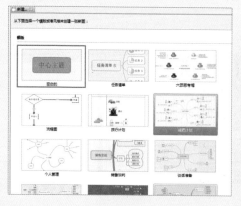

2. 百度脑图

百度脑图是百度公司旗下一款免费的在线思维导图编辑程序（http://naotu.baidu.com），用户可以直接在线创建、保存、编辑与分享自己的思路，依托百度强大的云存储功能，自己的思路可以随时查询，如下图所示。

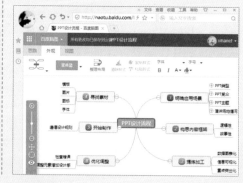

4.3.2 PPT 辅助插件

微课：PPT
美化大师

PPT 插件是专为 PPT 设计的第三方辅助工具，它们可以扩展 PowerPoint 的现有功能，极大地提高 PPT 的制作效率，常用的 PPT 插件包括 PPT 美化大师和 OK 插件，下面将分别对其进行简单介绍。

1．PPT 美化大师

PPT 美化大师是一款易用的入门级 PPT 插件，可以让 PPT 新手快速制作出具有专业效果的幻灯片。它优化与提升了 PowerPoint 软件的功能与体验，提供丰富的图片、图示、形状和模板等在线资源，帮助用户快速完成 PPT 的制作与美化。

▌STEP 1 单击"幻灯片"按钮

PPT 美化大师安装完成后，会在 PowerPoint 窗口中显示"美化大师"选项卡，在"工具"组中单击"幻灯片"按钮。

▌STEP 2 单击"插入（保留原色）"按钮

在弹出的面板右侧展开"图示"选项，根据需要选择图示的个数和关系筛选图示。在图示列表中找到所需的图示后，单击"插入（保留原色）"按钮，即可插入包含该图示的幻灯片。

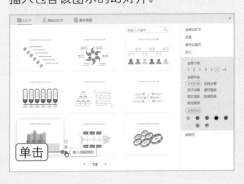

▌STEP 3 绘制矩形

在幻灯片中绘制多个大小不一的矩形。选择矩形，弹出美化大师浮动工具栏，可设置对齐和排列形状，或将形状设置为统一大小。

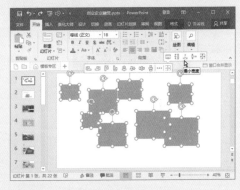

▌STEP 4 自定义排列

使用浮动工具栏中的自定义排列功能还可设置形状按圆弧或矩形排列。

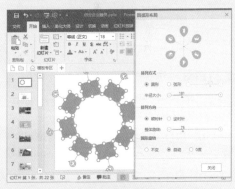

2．OK 插件

OneKeyTools 简称 OK 插件，它是一款免费的 PowerPoint 第三方平面设计辅助插件，功能涵盖形状、调色、三维、图片处理和辅助功能等。通过这款插件能够轻松实现一键制作特效、设计图形

CHAPTER 01

CHAPTER 02

CHAPTER 03

CHAPTER 04

CHAPTER 05

CHAPTER 06

等多种特效功能，让用户能够快速地制作出极具个性的 PPT 作品。

STEP 1　单击 插入形状 按钮

在幻灯片中插入一张图片，❶选中图片，❷选择 OneKey 选项卡，❸在"形状组"中单击 插入形状 按钮。

STEP 2　插入矩形

此时即可插入一个与图片大小一致的无边框矩形。

STEP 3　选择 旋转增强 选项

❶在"形状组"中单击 旋转递进 下拉按钮，❷选择 旋转增强 选项。

STEP 4　旋转复制形状

弹出"旋转增强"面板，❶设置"递进度数"为 15，❷单击 开始复制 按钮，即可按指定度数复制形状。

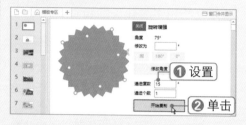

STEP 5　选择 从小到大 选项

插入文本框并输入文本，减小最后一个文字的字号。❶选中文本框，❷单击 尺寸递进 下拉按钮，❸选择 从小到大 选项。

STEP 6　选择 导入后独立 选项

此时即可自动更改文本框中文本的字号，并按从小到大的顺序进行排列。选中文本框，按【Ctrl+C】组合键进行复制。❶在"形状组"中单击 EMF导入 下拉按钮，❷选择 导入后独立 选项。

STEP 7 分离文字

此时即可将文本框中的文字分离为单个文字。利用 EMF 导入功能还可设置分离图标、表格等元素。

STEP 8 单击 矩式复制 按钮

❶创建矩形并将其选中，❷单击 矩式复制 按钮。

STEP 9 复制形状

❶设置行数和列数均为 5，❷单击 确定 按钮，即可复制指定行列的矩形。

STEP 10 设置间隔

要在复制的矩形中间添加空隙，可全选形状后缩小形状。还可打开"对齐增强"面板，❶设置"间隔"大小为 0.3，❷单击 确定 按钮。

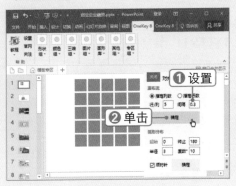

STEP 11 设置置于顶层

在幻灯片中绘制多个圆形，❶右击其中的一个圆形，❷选择 置于顶层(R) 命令。

STEP 12 选择 辐射连线 选项

❶全选形状，❷单击 顶点相关 下拉按钮，❸选择 辐射连线 选项。

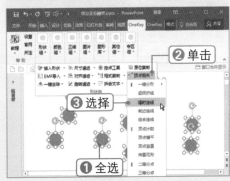

STEP 13 添加连线

此时即可以最上层的形状为顶点自动添加连线。

CHAPTER 01

CHAPTER 02

CHAPTER 03

CHAPTER 04

CHAPTER 05

CHAPTER 06

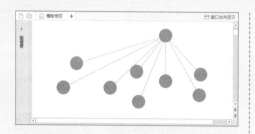

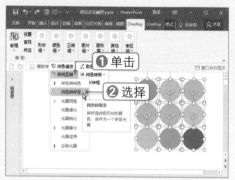

▌STEP 14　绘制折线

在"顶点相关"下拉列表中选择"超级折线"选项，从中可设置角度和长度，单击"模式1"或"模式2"中的按钮，以绘制所需的折线。

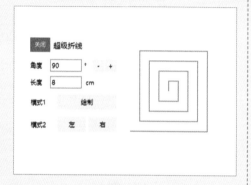

▌STEP 15　选择 H补色 选项

绘制形状并复制多个，按形状的层叠顺序排列圆形，左上角为最底层，右下角为最顶层。❶更改最后的形状颜色并将其选中，❷在"颜色组"中单击 纯色递进 下拉按钮，❸选择 H补色 选项。

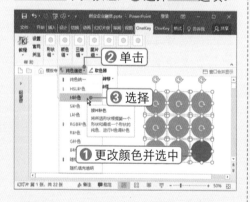

▌STEP 16　填充补色

此时即可在形状之间自动填充补色。❶单击 渐纯互转 下拉按钮，❷选择 纯色转渐变 选项。

▌STEP 17　选择 渐变转纯色 选项

此时即可依据所选形状颜色生成一个渐变填充的矩形。❶单击 渐纯互转 下拉按钮，❷选择 渐变转纯色 选项，可将渐变矩形分离为多个纯色色块。

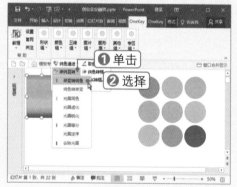

▌STEP 18　设置文本随机颜色

"纯色递进"功能不仅能用于形状填充，还可用于文字。例如，设置文本框中两个不同颜色的文字，然后在"纯色递进"下拉列表中选择"随机纯色"选项，即可为每个文本应用不同的颜色。

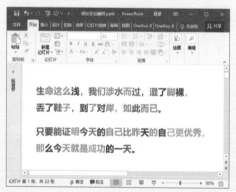

4.3.3 PPT 压缩工具

如果在 PPT 中插入了太多的图片或视频，不论是发送 PPT 还是打开 PPT 的速度都会变慢，此时可以使用 PPTminimizer 来压缩文件。PPTminimizer 是一款专对 PPT 文件进行压缩处理的工具，它能为体积占用大空间的 PPT 文件"减肥"，通过对图片质量的调整，音 / 视频文件的处理等一系列的设置来达到减小 PPT 文件的目的，压缩比可高达 90%。

使用 PPTminimizer 压缩 PPT 文件的方法为：启动 PPTminimizer 程序，单击 Open Files 按钮，在弹出的对话框中选择要导入的 PPT 文件，将其导入到程序中。在下方的 Compression Settings 选项下拖动滑块调整压缩级别，单击 Optimize Files 按钮即可进行压缩，如下图（左）所示。

压缩完成后查看结果，可以看到第 1 个文件已经从 147M 压缩为 3M，如下图（右）所示。

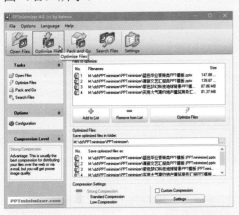 

Chapter 04

4.4 使用 PowerPoint 自身工具

■ **关键词**：快速访问工具栏、对齐工具、格式刷、F4 键、母版、选择窗格、替换字体

灵活利用 PowerPoint 自身工具，并掌握相应的操作技巧，也可有效地提高制作 PPT 的工作效率，下面将进行详细介绍。

4.4.1 增加撤销步数

在编辑 PPT 的过程中，若有错误的操作，可按【Ctrl+Z】组合键撤销操作。但 PPT 默认的撤销步数只有 20 步，很多时候是不够用的，此时可以设置增加撤销步数，具体操作方法如下：

微课：增加
撤销步数

STEP 1 选择 自定义功能区(R)... 命令

❶右击任一选项卡，❷选择 自定义功能区(R)...
命令。

STEP 2 设置最大取消操作数

弹出"PowerPoint 选项"对话框，❶在
左侧选择"高级"选项，❷设置取消操
作数为 150，❸单击 确定 按钮。

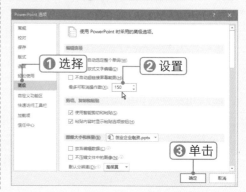

4.4.2 使用快速访问工具栏

对于经常使用的命令，可以将其添加到快速访问工具
栏中，以便快速操作，具体操作方法如下：

微课：使用快速访问工具栏

STEP 1 选择 添加到快速访问工具栏(A) 命令

❶选中任一形状，❷在 格式 选项卡下右
击"编辑形状"下拉按钮 ，❸选择
添加到快速访问工具栏(A) 命令。

STEP 2 成功添加工具按钮

此时即可将"编辑形状"下拉按钮添加
到快速访问工具栏。单击该按钮，可对
所选形状进行更改和编辑顶点等操作。

4.4.3 使用对齐工具

对齐工具包括"对齐"命令和辅助线。选中要对齐的对象后，在 格式 选项
卡下可应用多种类型的对齐命令，其中包括"对齐所选对象"和"对齐幻灯片"
两种方式，如下图（左）所示。

　　如下图（右）所示，先将四个圆形进行横向对齐，再进行"横向分布"对齐，最后设置"对齐幻灯片"，将其进行"水平居中"对齐。

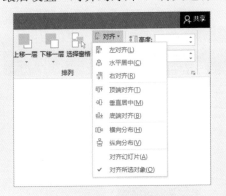

　　要在幻灯片中显示辅助线，可在 视图 选项卡下选中"参考线"复选框，显示两条基础辅助线，将幻灯片划分为 4 个等分区域，如下图（左）所示。

　　按住【Ctrl】键的同时拖动辅助线即可进行复制，将辅助线拖至幻灯片外即可将其删除，如下图（右）所示。

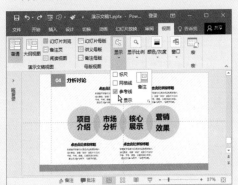

　　还可使用"直线"形状作用辅助线，如下图所示。

4.4.4　使用格式刷

　　在 PPT 中利用格式刷工具可以快速复制文本、形状或图片格式，具体操作方法如下：

微课：使用格式刷

STEP 1 单击"格式刷"按钮

❶选中设置了格式的图片，❷在"开始"选项卡下单击"格式刷"按钮，此时鼠标指针变为格式刷样式。

STEP 2 应用格式

在目标图片上单击即可应用格式，查看设置效果。若双击"格式刷"按钮，可进入格式刷状态，此时可连续应用格式。

4.4.5 F4 键的妙用

在对 PPT 进行编辑和排版时，经常会有一系列的重复操作，如加粗、加颜色、复制等，很多人习惯性地用格式刷操作，其实使用【F4】键同样可以快速完成。要重复应用格式刷，可在应用一次格式刷后按【F4】键。

在 PowerPoint 中，【F4】键的作用是重复上一步操作，几乎所有的动作都可以被复制。它不仅适用于文字，还可用于形状与图片上，如多个形状样式的设置，形状的对齐与旋转等，都可以使用【F4】键重复操作。在一些笔记本电脑上，由于 F 系列的功能键不止一个功能，如果直接按【F4】键达不到应有的效果，这时需按【Fn+F4】组合键才能生效。

例如，选中组合的矩形，然后在按住【Ctrl+Shift】键的同时向右拖动形状进行水平复制，如下图（左）所示。按【F4】键重复操作，即可继续平移并等距离复制形状，如下图（右）所示。

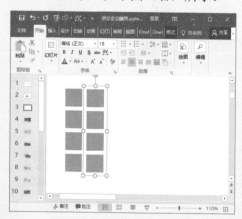

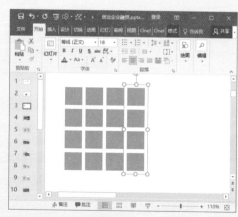

4.4.6 使用母版批量添加元素

使用模板可以在幻灯片中批量添加元素，如企业 Logo、宣传语和固定的图案等，方法为：切换到"幻灯片母版"视图，在版式中进行操作。还可在母版中设置统一的背景格式，插入或设置文本占位符等，如下图（左）所示。

如果对版式格式进行调整，那么 PPT 中所有应用了该版式的幻灯片都会自动调整。若没有自动调整，可选中幻灯片后，在 开始 选项卡下单击"重置"按钮，如下图（右）所示。

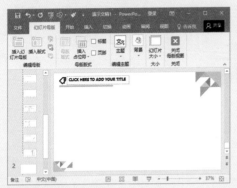 

4.4.7 使用选择窗格

在 PowerPoint 中按【Alt+F10】组合键，打开"选择"窗格，其中列出了幻灯片中的所有对象，并依次进行排列，拖动对象即可调整其排列层次。为了区分对象，还可对其重命名，如下图（左）所示。

使用"选择"窗格可以轻松地选中被其他元素遮住的对象。单击对象右侧的眼睛按钮 ，可在幻灯片中显示或隐藏对象，如下图（右）所示。

4.4.8 使用 PPT 快捷键

在 PowerPoint 中编辑幻灯片时，为了提升工作效率，仅会【Ctrl+C】复制和【Ctrl+V】粘贴快捷键是远远不够的，下面将介绍其他一些常用的 PPT 快捷键。

CHAPTER 01

CHAPTER 02

CHAPTER 03

CHAPTER 04

CHAPTER 05

CHAPTER 06

快捷键	功能
Ctrl+G	组合对象
Ctrl+Shift+G	取消组合对象
Ctrl+F	查找内容
Ctrl+W	关闭当前文档
Ctrl+Z	撤销一步
Ctrl+Y	重做
Shift+F3	更改字母大小写
Ctrl+Shift+C	复制文本或形状格式
Ctrl+Shift+V	粘贴文本或形状格式
Ctrl+[	增大字号
Ctrl+]	减小字号
Ctrl+T	打开"字体"对话框
Alt+F9	显示参考线
Alt+F10	打开"选择"窗格
Ctrl+D	复制选定的对象
Ctrl+M	新建幻灯片
Ctrl+鼠标滚轮	放大或缩小页面显示比例
方向键	微调对象的位置，也可按住【Alt】键拖动进行微调

商务办公 私房实操技巧

TIP：使用手机遥控 PPT 放映

 袋鼠输入是一款可使手机遥控电脑的泛输入类创新应用，可让手机无线操作电脑，实现语音、手写输入、电脑视频遥控器、PPT 遥控器和游戏手柄等功能。使用袋鼠输入遥控 PPT 放映的方法如下：

1️⃣ 在电脑和手机上分别安装袋鼠输入应用，启动电脑上的应用程序，显示待扫描的二维码，如下图（左）所示。

2️⃣ 在手机上启动袋鼠输入应用，单击界面左上角的▨按钮，进入"连接电脑"界面，点击"扫码连接"按钮▤，如下图（中）所示。

3️⃣ 使用手机扫描电脑上的二维码即可连接，连接成功后点击"遥控"按钮，进入遥控界面后即可用手机遥控 PPT 放映，如下图（右）所示。

TIP：将整个 PPT 导出为单张图片

 利用 OK 插件可以将 PPT 中的所有幻灯片导出为一张图片，方法如下：

1. 在左侧幻灯片窗格中选中要导出为图片的幻灯片，选择 OneKey 8 选项卡，在"图片组"中单击"页面导图"下拉按钮，选择 快捷拼图 选项，即可将所选幻灯片导出为一张图片，如下图（左）所示。

2. 单击"页面导图"下拉按钮，选择"自由拼图"选项，弹出"自由拼图"面板，设置水平宽度、图片列数等参数，然后单击 拼图 按钮，如下图（右）所示。

3. 此时，在 PPT 所在的目录下生成相应的文件夹以保存导出的图片，查看导出的拼图图片效果，如下图（左）所示。

4. 单击"页面导图"下拉按钮，选择"微信封面"选项，将会导出每一张幻灯片的图片，如下图（右）所示。

TIP：将 PPT 导出为电子文档

 制作的 PPT 若只用于阅读或在线查看，可将其导出为 PDF 电子文档。PowerPoint 本身带有转换格式的功能，可以很方便地将 PPT 转换为图片和 PDF 文档，方法如下：

1 在 PowerPoint 中按【F12】键，弹出"另存为"对话框，在"保存类型"下拉列表框中选择"PDF（*.pdf）"选项，单击 保存(S) 按钮，即可快速将 PPT 导出为 PDF 文档。若要进行自定义设置，可单击"选项"按钮，如下图（左）所示。

2 弹出"选项"对话框，可自定义导出范围、发布内容，以及是否包含非打印信息等，设置完成后单击 确定 按钮，如下图（右）所示。

　　若日后要对 PDF 文档进行编辑，在此推荐一款 PDF 编辑器——PDFelement，使用它可以像编辑 Word 一样编辑 PDF 文档。当然，还可使用工具软件将 PDF 文件转换为 PPT，如 AnyBizSoft PDF Converter、ImTOO PDF to PowerPoint Converter 等。

TIP：为字体与形状设置默认的样式

 在确定了 PPT 中要使用的字体和形状样式后，可将其设置为默认样式，方法如下：

1. 在幻灯片中插入文本框并输入文字，设置所需的字体格式。右击文本框，选择 设置为默认文本框(D) 命令，即可将当前字体格式设置为默认字体，如下图（左）所示。此后再插入的文本框将直接应用设置的默认格式。

2. 同样，在设置了形状样式后，右击形状，选择 设置为默认形状(D) 选项，即可设置默认的形状填充和线条样式，如下图（右）所示。

Ask Answer 高手疑难解答

问 如何导出 PPT 中的音乐文件？

图解解答 下载的 PPT 模板中有的包含了与内容搭配的音乐文件，如果想获得此背景音乐文件，可以将其导出，方法为：将 PPT 文件的扩展名由 .pptx 修改为 .rar，如下图（左）所示。此时 PPT 文件即可转换为压缩包，对压缩包进行解压后，打开其中的 media 文件夹，即可看到 PPT 中的音频和视频文件，如下图（右）所示。

CHAPTER 01
CHAPTER 02
CHAPTER 03
CHAPTER 04
CHAPTER 05
CHAPTER 06

对于使用 PowerPoint 旧版本制作的 PPT 文件，若要导出其中的多媒体文件，可将其另存为"网页"格式的文件，此时会自动生成一个文件夹，其中就包含了音 / 视频文件。

问　如何快速替换 PPT 中的字体？

图解解答　在 PowerPoint 中可对演示文稿中所应用的字体格式进行一对一的替换，每次只对一种字体进行替换，不会影响应用了其他字体的文字。方法如下：

　　打开演示文稿，选中文本框，在 开始 选项卡下"编辑"组中单击 替换 下拉按钮，选择 替换字体(O)… 选项，如下图（左）所示。弹出"替换字体"对话框，在"替换"下拉列表框中会自动显示所选文本框使用的字体样式，在"替换为"下拉列表框中选择所要替换的字体样式，单击 替换(R) 按钮，即可替换演示文稿中所有对应的字体，如下图（右）所示。

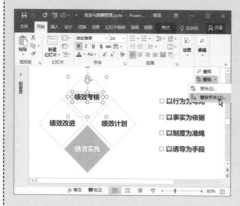

高效制作文本型商务 PPT

本章导读

　　文本是 PPT 内容的重要载体，文本型 PPT 的重要作用就是表达观点。由于文本型 PPT 所需的素材比较少，为了使幻灯片不显得过于单调，需要掌握文字的排版与页面的美化技巧。本章将详细介绍文本型商务 PPT 的制作要点与方法。

知识要点

01　PPT 文字使用原则
02　PPT 文本设计技巧
03　美化内容页大段文本

04　实操案例：制作文本型商务 PPT
05　快速制作特效字

案例展示

▼ 正确摆放幻灯片标题文本

▼ 版式工整易读

▼ 使用形状指引

▼ 文本型内容幻灯片

Chapter 05

5.1　PPT 文字使用原则

■ 关键词：使用正确的字体、统一字体、制造文字对比、正确摆放幻灯片标题文本

在制作文本型 PPT 时，不单是将文字简单地罗列到幻灯片中就好了，应遵循文字的使用原则，如使用正确的字体，统一字体，制造文字对比，合理摆放位置等。

5.1.1　使用正确的字体

字体主要分为两种，衬线字体（serif）和非衬线字体（sans serif）。

衬线字体在字的笔画开始、结束的位置都有额外的装饰，且笔画的粗细会有所不同。非衬线字体没有这些额外的装饰，且笔画的粗细差不多。衬线字体可以用于标题，但一般不用在正文内容中。

衬线字体容易识别且易读性高，非衬线字体则比较醒目，典型的代表就是宋体（衬线字体）和微软雅黑（无衬线字体），如右图所示。

不同的字体都有其各自的个性，对字体进行分类有助于我们抓住字体之间的细微区别，进一步为所设计的内容选择合适的字体。好看的字体有很多，可以简单地将其分为以下四大类：

定风波
定风波

1. 黑体字

方正兰亭系列字体·方正正大黑体系列
微软雅黑·方正美黑简体·造字工房尚黑体
造字工房力黑体·造字工房版黑体
张海山锐线体·时尚中黑简体·明黑
經典繁仿黑·經典繁方新·華康俪金黑

2. 宋体字

造字工房俊雅锐宋体·方正小标宋·方正书宋体
方正宋三体·造字工房朗宋体·方正博雅刊宋
造字工房尚雅宋体·方正风雅宋体

黑体也叫等线体，又称"方体"，属于无衬线体，字形比较方正，笔画醒目、粗壮，并且粗细一致。由于黑体在气质上没有特别大的个性，所以它的适用范围比较大，是一种比较常用的字体。

如果 PPT 没有非常明显的风格偏向，则可以使用黑体字，不会有什么差错。常用的黑体字形有微软雅黑系列、方正兰亭黑等。

宋体的笔画有粗细变化，末端有装饰部分，属于衬线体。宋体的装饰性很强，所以它所传达出来的气质也更多。

政企行业的 PPT 使用宋体会多一些，一般是在标题位置使用比较粗的宋体，常用的宋体字形有方正风雅宋、造字工房宋体系列等。

宋体在文化、艺术、生活、女性、美食、养生和化妆品等领域所传达出的气质都要比黑体准确。

CHAPTER 01

CHAPTER 02

CHAPTER 03

CHAPTER 04

CHAPTER 05

CHAPTER 06

幼体其实就是所谓的"儿童体"，最适合与幼儿主题相关的 PPT，常用的有方正喵呜体，方正剪纸体等。幼体笔画更加圆润、活泼，没有严谨感，随意性比较强，符合儿童天真、活泼的性格。

一款好看的书法字体能大大提升 PPT 页面的视觉冲击力，但在使用过程中要注意避免使用难于辨认的书法字体。比较适合在 PPT 中使用的书法字体有李旭科书法体、汉仪尚巍手书等。

5.1.2 统一字体

为了确保整体风格的统一性，建议一张幻灯片上只使用一到两种字体，能用一种就不要用两种，整套幻灯片不超过三种字体，因为使用过多的字体会导致版面显得混乱。

5.1.3 制造文字对比

为了让 PPT 中的内容要点展示得更有条理，可以通过对比手法将其重要性层次划分出来，同时可以丰富 PPT 中的内容层级，使整体内容一目了然。通过字体大小、粗细、颜色、字形、疏密以及方向等变化，可以突出信息之间的差别，从而形成对比效果，如下图所示。

5.1.4 合理摆放幻灯片标题文本

制作 PPT 封面最快捷的一种方法是选择一张合适的大图作为背景，然后添加标题文字。然而标题文字的位置并不是随意摆放的，应根据图片本身的空间关系选择标题文字摆放的位置，以弥补画面缺失的平衡感，如下图所示。

Chapter 05
5.2 PPT 文本设计技巧

■关键词：增大字号、更改字形、更改字体颜色、
反白处理、添加符号、版式工整易读

在了解 PPT 文字使用原则之后，为了让读者有更深刻的认识，下面依据相关原则介绍一些很实用的 PPT 文本设计技巧。

5.2.1 增大字号

在 PPT 作品中，最吸引人且排在第一位的永远是颜色。通过放大文本字号，其实就是放大了文本整体的色块面积，与较弱的色彩进行区分，从而达到吸引观众眼球的目的，如右图所示。

5.2.2　更改字形

通过简单的字号放大可能会给观众造成内容粗糙的视觉感受，这时可以采用选择衬线字体来弥补文字形式上的粗糙感，如下图所示。

5.2.3　更改字体颜色

通过调整字体的颜色，可以使原本单调的单色文本变为醒目的多色文本。需要注意的是文本颜色与整个 PPT 的配色问题，可以让文字颜色有序渐变或将文字内容进行刻意的色彩区分，如下图所示。

5.2.4　文字反白处理

将文字反白处理，即为文本添加彩色底块，使色彩面积增大，如下图所示。

5.2.5　修改为数字或英文

在同等色彩与字体、字号的情况下，人们最容易注意到的就是文本中的数

CHAPTER 01
CHAPTER 02
CHAPTER 03
CHAPTER 04
CHAPTER 05
CHAPTER 06

字与英文。因为在日常阅读习惯中，数字与英文往往是作为图形来理解的，因此可以将文本中的某些信息符号化，以吸引观众的注意力，如下图所示。

5.2.6 添加符号

如果文本中的信息无法符号化，可以在文本中添加符号，使整段文字更加吸引人，此时标点符号也是作为符号来理解的，如右图所示。

同理，还可在文字中间加入一些生动、有趣的表情符号，效果也很不错。

5.2.7 版式工整易读

事实证明，人们除了在有特殊需求时会刻意地阅读长篇文字外，其他时候是不会主动阅读长篇大论的文字的。因此，当 PPT 中的文本信息过多时，需要充分考虑阅读者的习惯，通过工整的版式让其在阅读前就充分地知道这段文字阅读起来很容易，如右图所示。

Chapter 05

5.3 美化内容页大段文本

■关键词：提炼文本、拉足空间、营造层次、善用修饰元素、利用灰色、使用形状指引

很多情况下都需要在一张幻灯片上呈现很多的内容，为了不使幻灯片看起来复杂冗繁，就需要对文本进行处理。下面将详细介绍一些美化内容页大段文本的技巧。

5.3.1 提炼关键文本

在阅读幻灯片时，80% 的阅读不适都是由于文字过多，没有编排造成的，所以关于内容页文字的美化，第一条建议就是"删"。在不打破原文立意和信息传递的前提下，可以将以下几类文字删除：

解释性文字：即定义型的文本，只留下主体即可，定义部分可以删除。

原因性文字：因果关系的文本，只留下结果，原因部分可以删除。

重复性文字：大段文本中有重复的关键词，可以删除一部分。

辅助性以及铺垫性文字：没有实际意义的词可以删除，如"从""当""在"、"以""即""让"等介词。

当文字精简以后，页面信息会更加直观，受众体验也会得到提升。在删减文字的过程中要注意一点，那就是要敢于大胆分页，一张幻灯片中只阐释一个主体观点即可。

5.3.2 提升页面空间感

对于无法删减的文本，文本的行距不能过于紧密，否则会影响观众阅读体验。建议设置 1.2~1.5 倍左右的行距，调整文字的间距和行距，这样可以提升页面的空间感，使页面拥有呼吸的空间，从而增强观众的阅读体验。还可在不影响阅读的前提下将内容在页面上拆分为几部分，这样的展示效果会更加直观、鲜明，如右图所示。

5.3.3 营造视觉层次

营造视觉层次就是前面已经介绍过的对比方法，通过改变文字的大小、粗细和颜色等方式做出对比效果，营造出不同的视觉层次，如右图所示。

此外，还要体现页面元素本身的层次感，可以对元素添加底层或上层元素，如阴影、线条、色块及半透明图形等。

5.3.4 善用修饰元素

在 PPT 文本中添加一些小的修饰元素，如项目符号、图标等，可以吸引观众的注意力，增强页面效果，如下图所示。

5.3.5 利用灰色"隐蔽"内容

　　一般情况下，在其他颜色的文本被浏览以后才会注意到灰色文本，因此使用灰色"隐蔽"内容能够让页面内容看起来没那么多，如下图所示。

5.3.6 使用形状指引

　　充分使用圆形、矩形和线条等形状指引可以让页面有变化，也能为划分层次起到一定的辅助作用，如下图所示。

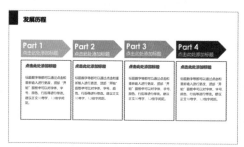

5.3.7 应用切入动画

　　对内容页中的各元素应用"进入"动画，可以缓和突然出现全部内容的不适感，提升观众的阅读体验，如右图所示。

Chapter 05

5.4 实操案例：制作文本型 PPT

■ 关键词：取色器、透明度、阴影效果、线性渐变填充、
　　　　　编辑顶点、合并形状

在学习了文本型 PPT 的设计方法与技巧后，下面制作几个文本型商务 PPT 案例，读者可以跟着案例一起学习文本型商务 PPT 的制作方法。

5.4.1 制作封面页

纯文本的 PPT 封面有时很难把控，可以在页面中插入形状使其变得饱满。下面将通过实例介绍如何制作文本型封面幻灯片，具体操作方法如下：

微课：制作
封面页

■ STEP 1　插入矩形和文本框

在幻灯片中插入蓝灰色矩形，插入文本框，并输入英文字母。

■ STEP 2　选择 🖉 取色器(E) 选项

❶选中文本框，❷选择 格式 选项卡，❸在"艺术字样式"组中单击"文本填充"下拉按钮 ▲·，❹选择 🖉 取色器(E) 选项。

■ STEP 3　设置文本颜色

❶在矩形色块上单击设置文本颜色，

❷单击"艺术字样式"组右下角的扩展按钮 ⌐。

■ STEP 4　调整文本透明度

打开"设置形状格式"窗格，❶选择"文本填充与轮廓"选项卡 ▲，❷调整颜色的"透明度"为 75%。

STEP 5 插入矩形

在幻灯片中插入白色矩形色块。

STEP 6 添加阴影效果

打开"设置形状格式"窗格，❶选择"效果"选项卡，❷设置阴影效果各项参数。

STEP 7 插入矩形框和色块

在幻灯片中插入矩形框和色块。

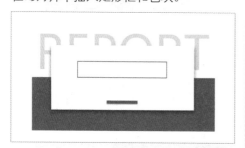

STEP 8 设置文本渐变填充

插入白色矩形，并在形状中输入文本。打开"设置形状格式"窗格，❶选择"文

本填充与轮廓"选项卡，❷设置线性渐变填充。

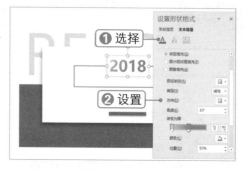

STEP 9 设置文本阴影效果

❶选择"文字效果"选项卡，❷设置阴影效果各项参数。

STEP 10 继续插入文本

采用同样的方法，继续插入文本并设置格式。

5.4.2 制作目录页

常见的文本型目录是将 PPT 主题的要点内容进行排列，可以使用"对齐"功能排列文本，也可在幻灯片中插入图形，依据图形排列文本，具体操作方法如下：

微课：制作
目录页

STEP 1 插入直线形状

设置深蓝色幻灯片背景，插入直线形状，并设置线条的颜色和宽度。

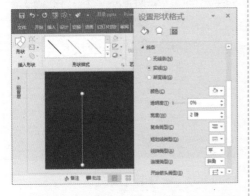

STEP 2 选择"曲线"形状

❶单击"插入形状"下拉按钮，❷选择"曲线"形状〰。

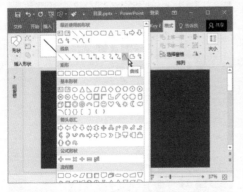

STEP 3 选择 编辑顶点(E)命令

在幻灯片中沿着直线绘制曲线形状，❶右击曲线形状，❷选择 编辑顶点(E)命令。

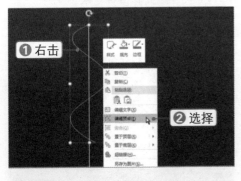

STEP 4 编辑形状顶点

根据需要调整曲线顶点的位置和曲率。

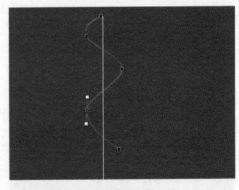

STEP 5 设置渐变线

❶选中直线形状，❷选择"填充与线条"选项卡，❸选中"渐变线"单选按钮，❹设置线性渐变填充。

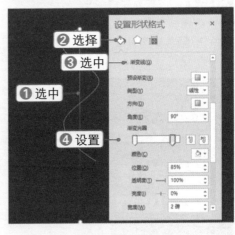

STEP 6 设置曲线形状

❶选中曲线形状，❷设置其"宽度"为1磅，❸设置线性渐变填充参数。

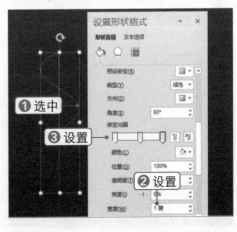

CHAPTER 01

CHAPTER 02

CHAPTER 03

CHAPTER 04

CHAPTER 05

CHAPTER 06

STEP 7 插入形状

在幻灯片中插入椭圆形状，并设置无填充颜色，设置线条颜色。

STEP 8 设置渐变线

❶选中椭圆形状，❷选中"渐变线"单选按钮，❸设置线性渐变参数，❹设置"角度"为 180°。

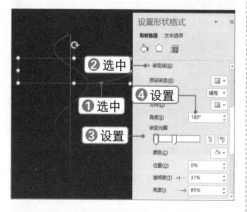

STEP 9 复制形状

将椭圆形状向下垂直复制三份，并分别调整其大小。

STEP 10 插入圆形形状

在幻灯片中插入无边框的圆形形状。

STEP 11 设置渐变填充

❶选择"填充与线条"选项卡，❷选中"渐变填充"单选按钮，❸设置路径渐变填充参数。

STEP 12 输入并设置文本

在幻灯片中插入文本框，输入文本 CONTENTS，并设置字体格式。

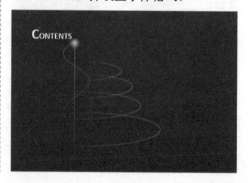

STEP 13 输入目录条目

插入文本框，输入目录条目文本，并设置字体格式。

STEP 14 插入并调整形状

插入圆形和加号形状，然后旋转加号形状，并调整形状样式。

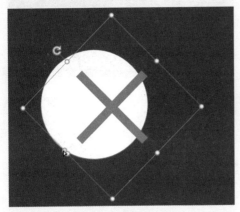

STEP 15 选择 编辑顶点(E) 命令

❶右击加号形状，❷选择 编辑顶点(E) 命令。

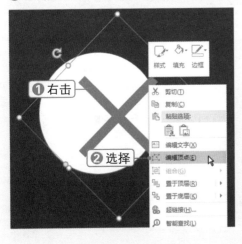

STEP 16 删除顶点

❶右击形状中的顶点，❷选择 删除顶点(L) 命令。

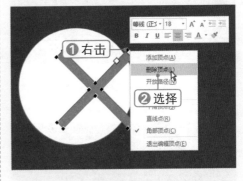

STEP 17 继续删除顶点

采用同样的方法，继续删除不需要的顶点。

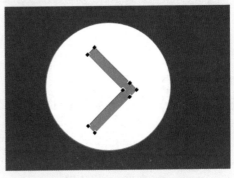

STEP 18 合并形状

选中两个形状，❶单击"合并形状"下拉按钮，❷选择 剪除(S) 选项。

STEP 19 缩小并移动图标

将制作的图标缩小，并置于目录条目左侧。

CHAPTER 01

CHAPTER 02

CHAPTER 03

CHAPTER 04

CHAPTER 05

CHAPTER 06

STEP 20 复制并修改条目

复制目录条目，并修改文本。

STEP 21 设置背景图片

新建幻灯片，插入一张黑色纹理背景图片。插入矩形形状，设置射线渐变填充，在渐变光圈中设置各色块的透明度。

STEP 22 添加背景图片

将制作的背景图片复制到目录幻灯片中，并将其置于底层。

5.4.3 制作内容页

微课：制作内容页

下面依据前面介绍的 PPT 文本设计技巧，制作一张文本型内容幻灯片，使其看起来和谐并富有条理，具体操作方法如下：

STEP 1 插入色块

设置幻灯片背景为纯色背景，在幻灯片上方插入深紫色的色块，以放置标题。

STEP 2 设置幻灯片标题

插入三个文本框，分别输入序号、标题与引言等，并设置不同的字号。

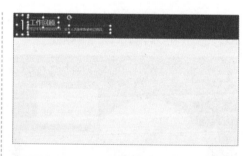

STEP 3 选择 行距选项(L)... 选项

插入文本框，输入内容小标题和内容。
❶ 选中内容文本框，❷ 在"段落"组中单击"行距"下拉按钮 ，❸ 选择 行距选项(L)... 选项。

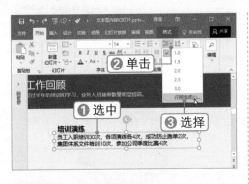

STEP 4 设置段落行距

弹出"段落"对话框，❶选择"多倍行距"选项，❷设置值为1.3，❸单击 确定 按钮。

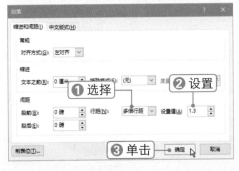

STEP 5 组合文本框

选中内容标题和内容文本框，按【Ctrl+G】组合键进行组合。

STEP 6 复制并对齐文本框

复制文本框并输入其他内容，然后设置"纵向分布"对齐。

STEP 7 选择 取色器(E) 选项

在幻灯片中插入配色卡图片，❶选中小标题文本，❷在弹出的浮动工具栏中单击"字体颜色"下拉按钮，❸选择 取色器(E) 选项。

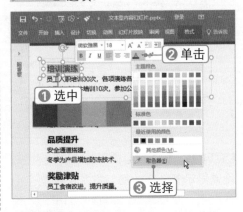

STEP 8 选取颜色

在配色图片上选择所需的颜色，即可更改文本颜色。采用同样的方法，更改其他小标题字体颜色。

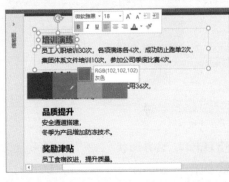

STEP 9 插入形状

在幻灯片中插入圆形形状，并设置形状边框颜色与其对应的小标题颜色一致。

CHAPTER 01

CHAPTER 02

CHAPTER 03

CHAPTER 04

CHAPTER 05

CHAPTER 06

STEP 10　插入图标

在幻灯片中插入图标素材，并调整其大小，将其置于圆形内。

STEP 11　插入空心圆形状

设置显示参考线，在幻灯片中绘制空心圆形状，并将其置于幻灯片的中央。插入矩形形状，使其与参考线对齐，然后选中两个形状。

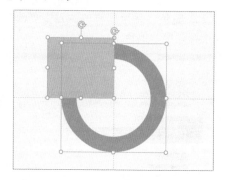

STEP 12　合并形状

❶单击"合并形状"下拉按钮 ⊘ᐧ，❷选择 ⊘ 相交⑴ 选项，生成 1/4 圆弧。

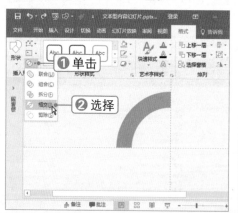

STEP 13　复制并旋转形状

将圆弧复制三份并进行旋转，拼接成完整的空心圆图形。

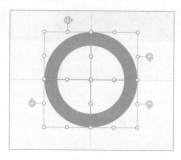

STEP 14　为图形配色

利用取色器和配色卡为图形进行配色。

STEP 15　复制图形和图标

将图形复制到内容幻灯片中，将图标复制一份移至图形上，对内容中的数字进行加粗、改色等设置。

实操解疑 ❓

调整优化文本

　　如果 PPT 文字可以修改，则可先提炼文字，接着理清逻辑，然后制作出大概内容，最后调整优化，文本颜色可选择可以和背景形成对比的颜色。

Chapter 05

5.5 快速制作特效字

■关键词：字符间距、三维旋转、三维深度、
粘贴为图片、合并形状、任意多边形工具

无须使用专业的修图软件，利用 PowerPoint 的自身功能就能快速制作出特效文字。下面以制作长阴影文字、文字图形相交效果和切分文字为例进行介绍。

5.5.1 制作长阴影文字

在扁平化风格的 PPT 设计中，常常出现长阴影图标的身影。下面利用文字效果和合并形状功能制作长阴影文字特效，具体操作方法如下：

微课：制作
长阴影文字

▌STEP 1 插入形状和文本

插入无边框的矩形，插入文本框并输入文本，设置字体格式，选中文本框。

▌STEP 2 设置字符间距

❶ 在"字体"组中单击"字符间距"下拉按钮，❷ 选择 很松(V) 选项。

▌STEP 3 设置三维旋转

选中文本框，打开"设置形状格式"窗格。❶ 选择 文本选项 选项卡，❷ 选择"文字效果"选项卡。❸ 展开"三维旋转"选项，在"预设"列表中选择"倾斜：右下"样式。

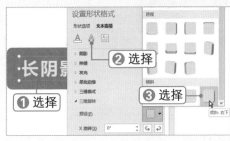

▌STEP 4 选择深度颜色

展开"三维格式"选项，在"深度"颜色列表中选择要设置的阴影颜色，选择的颜色要比矩形的颜色深。

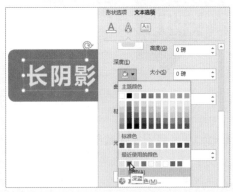

STEP 5 设置深度大小

设置深度"大小"为 400，查看设置效果。

STEP 6 选择材料

在"材料"下拉列表中选择"亚光效果"选项。

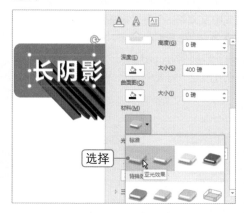

STEP 7 选择光源

在"光源"下拉列表中选择"平面"选项。

STEP 8 查看文字效果

此时文字长阴影的效果设置完成，查看文字效果。

STEP 9 将文本粘贴为图片

❶选中文本，按【Ctrl+C】组合键进行复制，❷单击"粘贴"下拉按钮，❸选择"图片"选项。

STEP 10 选中对象

将矩形背景复制一份备用，分别选中文字图片和矩形背景。

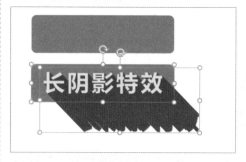

STEP 11 合并形状

❶单击"合并形状"下拉按钮，❷选择 相交 选项。

STEP 12 设置对齐

将备份的矩形背景与文字图片对齐，查看最终效果。

5.5.2 制作文字与图形相交效果

下面利用合并形状功能制作文字与图形相交效果，使与形状相交的部分文字变色，从而生成"阴阳"文字效果，具体操作方法如下：

微课：制作文字与图形相交效果

STEP 1 选中对象

插入形状和文字并复制一份备用，分别选中形状和文字。

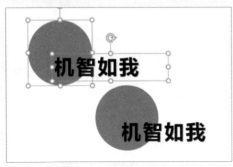

STEP 2 合并形状

❶单击"合并形状"下拉按钮 ，❷选择 相交(I) 选项，查看生成的图形效果。

STEP 3 设置重叠对齐

将图形与备用的素材重叠对齐。

STEP 4 设置图形颜色

将图形颜色设置为白色，查看最终效果。

5.5.3 切分文字

利用"合并形状"功能可以很方便地对文本进行切分与重组。下面利用该功能制作分裂字效果，具体操作方法如下：

微课：切分文字

STEP 1 选择形状

❶在幻灯片中插入文本框，并输入"聊"字，❷单击"插入形状"下拉按钮，❸选择"任意多边形"形状。

STEP 2 绘制多边形

通过单击的方式在文本中绘制不规则多边形。

STEP 3 选中对象

多边形绘制完成后，将文字和图形复制一份，依次选中图形和文字。

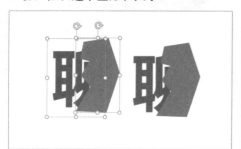

STEP 4 合并形状

❶单击"合并形状"下拉按钮，❷选择 相交(I) 选项。

STEP 5 合并形状

依次选中备份的文字和形状，❶单击"合并形状"下拉按钮，❷选择 剪除(S) 选项。

秒杀技巧 将文字组合为形状

人眼对图形的识别处理能力是文字的很多倍，因此许多设计师会将文字拆分断行拼合成一个形状，然后放在封面上。

STEP 6 调整图形

将生成的两个图形进行拼接，将右侧的图形略微旋转，并移至合适的位置。

STEP 7 制作其他分裂字

采用同样的方法继续制作分裂字，并将其置于图片上，查看最终效果。

商务办公 私房实操技巧

TIP：制作创意文字

 利用"合并形状"功能将文本转换为图形，然后利用图形的可编辑性将文字调整为所需的样子，方法如下：

1️⃣ 依次选中插入的形状和文本，单击"合并形状"下拉按钮，选择 相交(I) 选项，如下图（左）所示。

2️⃣ 右击文字图形，在弹出的快捷菜单中选择 编辑顶点(E) 命令，然后对文字顶点进行所需的编辑操作即可，如下图（右）所示。

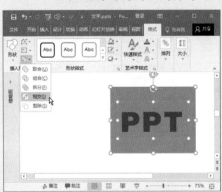 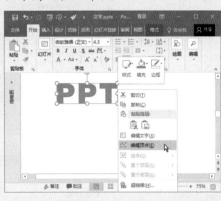

TIP：制作镂空字

 利用"合并形状"功能可以快速制作镂空文字效果，方法如下：

1️⃣ 依次选中插入的形状和文本，单击"合并形状"下拉按钮，选择 剪除(S) 选项，如下图（左）所示。

CHAPTER 01

CHAPTER 02

CHAPTER 03

CHAPTER 04

CHAPTER 05

CHAPTER 06

②将合并的形状置于图形上，查看镂空字效果，如下图（右）所示。

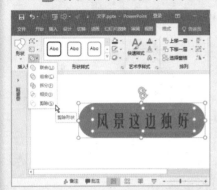

TIP：使文字沿曲线路径弯曲

要使文字沿着制作的曲线路径排列，可以通过为文字添加转换效果来实现。使文字沿曲线路径排列的方法如下：

①选中文本框，选择 格式 选项卡，单击"文本效果"下拉按钮 A·，在"转换"效果列表中选择"拱形"效果，如下图（左）所示。

②调整文本框长度和宽度，以更改曲率。调整黄色控制柄控制曲线的长度，如下图（右）所示。

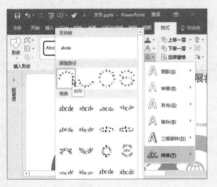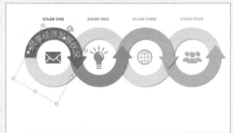

TIP：嵌入字体

如果 PPT 中用了系统预设外的字体，当 PPT 在其他电脑上播放时，就可能因为其他电脑上没有安装该字体而导致文本显示效果出现偏差，或无法在别的电脑上编辑字体。此时可以将字体文件嵌入到 PPT 中来避免这种问题的出现，嵌入字体的方法如下：

①为了使文字在纸张背景图片上能够更好地展示，PPT 中使用了"方正静蕾简体"字体格式，如下图（左）所示。

② 打开"PowerPoint 选项"对话框，在左侧选择"保存"选项，在右侧选中"将字体嵌入文件"复选框，单击 确定 按钮，如下图（右）所示。若想在其他电脑上也能编辑文字，可选中"嵌入所有字符"单选按钮，但这样会增大 PPT 文件的体积。

 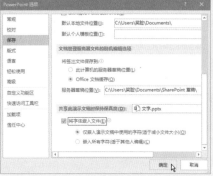

Ask Answer 高手疑难解答

问 如何将内容文本快速导入到 PPT 中？

图解解答 利用"大纲"视图可将组织的内容快速编排到每张幻灯片中，方法如下：

① 切换到大纲视图，将要导入的文本复制到大纲视图中，此时所有文本都在一张幻灯片的标题占位符中。将光标定位到要移至下一张幻灯片的文本前并按【Enter】键确认，如下图（左）所示。

② 此时即可将光标后的文本移至下一张幻灯片中，采用同样的方法继续操作。将光标定位到要设置为内容的文本前并按【Enter】键确认，如下图（右）所示。

CHAPTER 01
CHAPTER 02
CHAPTER 03
CHAPTER 04
CHAPTER 05
CHAPTER 06

③ 此时即可创建新幻灯片，按【Tab】键将标题降级为内容文本。若要将内容文本升级为新幻灯片标题，可将光标定位到文本前或选中文本，如下图（左）所示。

④ 按【Shift+Tab】组合键，即可将所选内容转换为新幻灯片标题，如下图（右）所示。

问 如何在幻灯片中插入页码？

图解解答 通过插入幻灯片编号即可完成页码的插入，方法如下：

① 在"插入"选项卡下单击"页眉和页脚"按钮，在弹出的对话框中选中"幻灯片编号"复选框，然后单击 全部应用(Y) 按钮，如下图（左）所示。

② 切换到幻灯片模板中，将页码占位符移到合适的位置，并设置字体格式即可，如下图（右）所示。

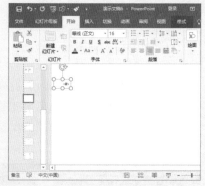

CHAPTER

高效制作图片型
商务 PPT

本章导读

现在是读图时代，绝大部分人都喜欢看图，而不是读取数据，因为图片可以更直观、更形象地传递信息，因此在商务活动中图片型 PPT 更受观众的喜爱。本章将详细介绍如何高效制作图片型商务 PPT。

知识要点

01 图片型商务 PPT 选图原则
02 快速处理 PPT 图片

03 实操案例：制作图片型商务
PPT

案例展示

▼ 选用比较纯净的图片

▼ 利用形状遮挡图片

▼ 制作图片型封面

▼ 制作图片型内容页

6.1 图片型商务 PPT 选图原则

■ 关键词：高清晰度图片、纯净图片、真实图片、
创意图片、使用图标、风格统一

PPT 中用到的图片主要分为两种：背景图与内容图（包括必要的插图、图表等）。在选取图片时，应依据幻灯片要展示的内容慎重选取，使用能够表达语境的图片作为 PPT 背景图片，并遵循下面介绍的选图原则。

6.1.1 选用高清晰度的图片

高清晰度是 PPT 选图的基本要求。高清晰度的图片是指在 PPT 放映状态下，图片没有马赛克般的色块或锯齿状的边缘，清晰可辨而不是模糊不清，如下图所示。

6.1.2 选用比较纯净的背景图片

信息量过多的背景图片放在 PPT 中容易抢走 PPT 本身要传递的内容主题，大部分人都会去看图，而不会关注内容。因此，在选择背景图时要选用比较纯净的图片，如下图所示。

6.1.3 选用能展现真实形象的图片

在为商务 PPT 选图时，为了使 PPT 更具说服力，有时需要选用真实的图片，如真实的物品、真实的环境，以及真实的人物形象等，如下图所示。

6.1.4　选用有创意的图片

能吸引观众眼球的图片要兼顾美观、创意和故事，富有创意的图片具有视觉冲击力，更能传达寓意，和主题有着强烈的关联，让观众快速进入设计者预设的思考场景中，如下图所示。

6.1.5　巧妙地使用图标

使用图标的目的是让内容或数据可视化，增强内容和数据的视觉表现力。图标相当于精简版的小图片，如下图所示。因此，所有可视化的图标都可以让观众更快速地获取信息。

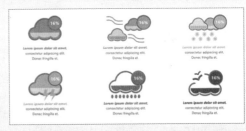

6.1.6　图片整体风格要统一

所谓图片整体风格要统一，就是说在一个 PPT 作品中，最好只选用一种风格的图片，例如，如果使用照片，就全部使用照片；如果使用手绘作品，就全部使用手绘作品，不同类别的图片最好不要混搭。能够做到这一点很难，但这是提高 PPT 质量至关重要的一点。右图所示的 PPT 中的图片风格就很统一，PPT 的整体效果很好。

Chapter 06

6.2 快速处理 PPT 图片

■关键词：抠图、裁剪图片、应用图片效果、添加蒙版、拆分图片、替换图片

能够吸引观众眼球的 PPT 大都是用图片说话。但在制作 PPT 时，拿到一张图片后有时不知道该如何处理，下面将详细介绍在 PowerPoint 2016 中处理图片的常用方法。

6.2.1 抠图

如果插入的图片带有背景底色，无法很好地与 PPT 背景融合，此时可以利用 PowerPoint 2016 的"删除背景"功能进行抠图操作，如下图所示。

6.2.2 裁剪图片

裁剪是 PPT 中图片处理最常用的方法，主要包括按横纵比裁剪，裁剪为特定形状和按一定构图原则进行裁剪。通常在以下情况下需要对图片进行裁剪：

- PPT 尺寸不对，如将比例为 4:3 的图片裁剪成 16:9 的比例。
- PPT 排版需要将图片裁剪成特定的形状。
- 拍摄出现意外，图片中出现了不该出现的部分。
- 图片角度倾斜，可以通过适当的裁剪进行矫正。
- 图片在构图上不合适，整体看上去不协调。
- 图片整体效果过于平淡，通过裁剪突出局部，让图片更具视觉冲击力。

1. 按纵横比裁剪

在 PowerPoint 2016 中预设了多种纵横比,在裁剪图片时选择自己所需的纵横比即可,如下图所示。

例如,将纵横比为 4:3 的图片裁剪为16:9 的比例,如下图所示。

2. 裁剪为形状

在裁剪图片时,经常需要将图片裁剪为统一的形状,如矩形、圆形和平行四边形等,如下图所示。

在 PowerPoint 2016 中裁剪图片时,可以使用"裁剪为形状"命令进行操作,也可先插入形状并设置图片填充,然后对填充的图片进行裁剪。

3. 局部放大

通过对图片局部进行裁剪来放大某些局部,可以让 PPT 显得更有吸引力,如下图所示。

全图解商务与工作型 PPT 制作（全彩视听版）

有时图片不够协调，也可利用裁剪方式进行处理，例如，下图的这张昆虫图片倾斜且拍摄主体不够突出，这时就可以通过简单的裁剪操作来进行处理。

在裁剪图片时，可以遵循一些构图原则，如三分法，把画面的长宽分别分割成三等份，每条分割线都视为黄金分

割线，图片中的主体放在分割线的交点处。裁剪前后对比效果如下图所示。

通过裁剪还可将一张图片裁剪为多个部分，例如，将一张风景图片裁剪为四个部分并分别放到不同的幻灯片中，如下图所示。

4. 利用形状遮挡图片

　　裁剪图片的目的是让图片保留一部分形状。换一种思维，如果不裁剪图片，而是利用形状挡住图片中的一部分，同样可以使图片具有别具一格的裁剪效果，如下图所示。

　　如下图所示，在使用矩形色块遮挡图片的同时，还对矩形色块设置了不同的透明度，从而增强了层次感。

　　如下图所示，利用不同的三角形对图片进行遮挡，并形成立体感。

6.2.3 应用图片效果

　　在 PowerPoint 2016 中选中图片后，打开"设置图片格式"窗格，在"效果"

选项卡下可以为图片设置阴影、映像、发光、柔化边缘和三维格式等效果，如下图所示。

6.2.4 设置图片颜色

在 PPT 中插入图片后，若图片和整个 PPT 的色调不相符，这时就需要对图片的色相进行调整。选择"格式"选项卡，单击"颜色"下拉按钮，在弹出下拉列表中的"重新着色"区域选择所需的样式即可，如右图所示。

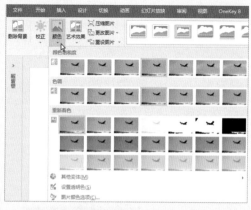

例如，将第一张图片重新着色为"灰度"，使其与第二张图片色调统一，如下图所示。

若要更改图片的色调，还可尝试在图片上覆盖一个半透明的矩形色块，可以是纯色或渐变色，如下图所示。

6.2.5 应用图片特效

这里所说的特效是指图片的艺术效果，其实也是图片格式效果的一种。在 PowerPoint 2016 中包含了 22 种艺术效果，其中虚化是制作 IOS 风格 PPT 常用的处理方法，如下图所示。

例如，为了使背景图片不影响文字阅读，可以为图片应用虚化效果，如下图所示。需要注意的是，对于五颜六色比较复杂的图片，不建议使用虚化背景的方法，否则可能会导致内容看不清楚，这时可以考虑为图片添加蒙版。

有时用作幻灯片背景的素材图片因其尺寸较小而变得不清晰，此时可以通过对图片进行虚化处理来达到较为满意的效果，如下图所示。

6.2.6 添加蒙版

PPT 中的蒙版其实就是一层半透明色块，通过这个色块可以降低图片对文本信息的干扰。下图所示即为添加蒙版前后的幻灯片效果。

此外，不在整个图片上添加蒙版，只是在文字周围添加半透明黑框，也不失为一个好方法，如下图所示。

若要使用深色字体效果，则可以降低图片的亮度，采用浅色半透明蒙版，如下图所示。

半透明的色块可以是纯色，利用高纯度的色块作为视觉引导，根据构图原则将色块压在图片的黄金分割线上，然后在半透明色块上添加所需的文本，期间应注意页面的对称平衡。半透明色块也可以是渐变色，透明度为 50%~100%。将文本放在渐变遮罩颜色最深的一侧，透明度较高的另一侧透出背景图，如下图所示。为了突显文本，还可以降低图片的亮度，并为文本添加阴影效果。

使用与背景颜色相同的渐变色，还可以使图片与背景融合到一起，为幻灯片创造留白空间，如下图所示。

6.2.7 拆分图片

布尔运算是数学符号化的逻辑推演法，包括联合、相交和相减。在 PPT 图形处理中的布尔运算是基本图形之间的组合产生新的图形，包括联合、组合、拆分、相交和剪除等，如右图所示。在 PowerPoint 2016 中的"格式"选项卡下的"合并形状"中可以找到这些选项。

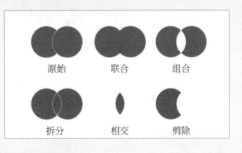

通过色块和图片的布尔运算，可以将一张完整的图片拆分成若干个小部分。例如，在图片上插入若干个呈条形的矩形色块，如下图（左）所示，然后选中图片，再按住【Shift】键逐个选中色块，在"合并形状"中选择进行"拆分"布尔运算，最后调整拆分后各个图片的位置即可，效果如下图（右）所示。

CHAPTER 01

CHAPTER 02

CHAPTER 03

CHAPTER 04

CHAPTER 05

CHAPTER 06

可以看出，使用布尔运算可以轻松地将一张图片拆分为多张图片，使用它可以非常便捷地选取图片上的各个部分，如下图所示。

6.2.8 修饰图片

在制作图片型商务 PPT 的过程中，通常可以利用色块、线条和边框等来修饰图片，以提高 PPT 的设计感，如下图所示。

6.2.9 替换图片

若在包含图片的幻灯片模板中遇到了自己比较喜欢的版式，可以利用 PowerPoint 2016 中的"更换图片"功能来替换成自己的图片。替换图片包含两种，一种是插入的图片，另一种是用于形状填充的图片。

微课：替换插入图片

1. 替换插入图片

使用"更换图片"功能可以快速更换选定的图片。若替换图片与原图片大小不一，仍需调整图片。替换插入图片的具体操作方法如下：

STEP 1　复制图片
选中幻灯片中的图片，按【Ctrl+C】组合键复制图片。

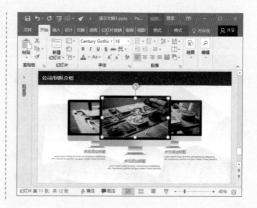

STEP 2 选中对象

将复制的图片粘贴到新幻灯片中，在幻灯片中插入矩形色块并将其置于底层。❶选中矩形，❷选中图片。

STEP 3 合并形状

❶在 格式 选项卡下单击"合并形状"下拉按钮 ⊘▾，❷选择 相交(I) 选项，即可生成与图片同等大小的矩形色块。

STEP 4 选中对象

在幻灯片中插入要替换的图片，将矩形色块置于图片上方，并设置为半透明，以选取下方的图像。❶选中图像，❷选中矩形。

STEP 5 合并形状

❶在 格式 选项卡下单击"合并形状"下拉按钮 ⊘▾，❷选择 相交(I) 选项，即可生成与矩形同等大小的图片。

STEP 6 选择 另存为图片(S)... 命令

❶右击图片，❷选择 另存为图片(S)... 命令。

STEP 7 保存图片

弹出"另存为图片"对话框，❶选择保存位置，❷单击 保存(S) ▾ 按钮。

STEP 8 选择 来自文件(F)... 命令

❶在幻灯片中选中要替换的图片并右击，❷选择 更改图片(E) 命令，❸选择 来自文件(F)... 命令。

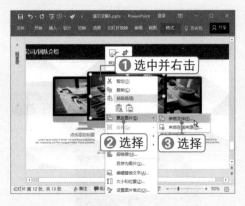

▌STEP 9 选择图片

弹出"插入图片"对话框，❶选择保存的图片，❷单击 插入(S) ▼ 按钮。

▌STEP 10 替换图片

此时即可替换原图片。采用同样的方法替换另外两张图片，查看最终效果。

2. 替换填充图片

幻灯片中的图片若为形状填充，则无法直接使用"更改图片"命令，需要通过更改形状填充来完成替换图片的操作，具体操作方法如下：

▌STEP 1 选择 设置图片格式(O)... 命令

右击图片，可以看到快捷菜单中没有"更改图片"命令，说明图片为填充图片，此时选择 设置图片格式(O)... 命令。

▌STEP 2 查看图片填充

打开"设置图片格式"窗格，选择"填充与线条"选项卡，可以看到当前设置为"图片或纹理填充"。

▌STEP 3 复制图片

在幻灯片中插入图片，按【Ctrl+C】组合键复制图片，然后按【Delete】键将图片删除。

STEP 4　单击 [剪贴板(C)] 按钮

在"设置图片格式"窗格中单击 [剪贴板(C)] 按钮，即可替换图片填充。

STEP 5　选择 [填充(L)] 选项

❶选中图片，❷在 [格式] 选项卡下单击"裁剪"下拉按钮，❸选择 [填充(L)] 选项。

STEP 6　拖动图片

此时图片以正常比例填充，在裁剪框内拖动图片，调整其在裁剪框中的位置，调整完成后在任意位置单击。

STEP 7　替换其他图片

采用同样的方法替换其他三张图片，查看最终效果。

Chapter 06

6.3　实操案例：制作图片型商务 PPT

■关键词：艺术效果、编辑顶点、合并形状、裁剪图片、编辑表格、选择性粘贴

在学习了图片型商务 PPT 的选图原则和图片处理方法后，下面将通过几个实操案例进一步巩固图片型商务 PPT 的制作方法与技巧。

6.3.1　制作图片型封面页

图片型 PPT 封面包括单图型和多图型，下面通过对两张图片进行处理制作 PPT 封面，具体操作方法如下：

微课：制作图片型封面页

STEP 1　应用"纹理化"效果

在幻灯片中插入一张图片，❶选中图片，❷在 格式 选项卡下单击 艺术效果▾ 下拉按钮，❸选择"纹理化"效果。

STEP 2　设置艺术效果

在"艺术效果"下拉列表中选择"艺术效果选项"选项，打开"设置图片格式"窗格，从中设置艺术效果选项。

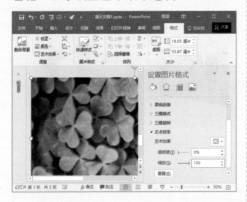

STEP 3　选择 编辑顶点(E) 命令

在幻灯片中插入一张图片和一个黑色半透明矩形色块。❶右击矩形，❷选择 编辑顶点(E) 命令。

STEP 4　添加顶点

此时在矩形四角显示顶点，❶右击要添加顶点的位置，❷选择 添加顶点(A) 命令，❸右击该顶点，❹选择 角部顶点(C) 命令。

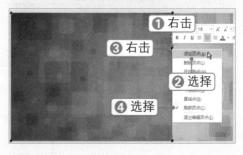

STEP 5　移动顶点

拖动右侧上下两个端点的顶点，移动顶点的位置，编辑形状样式，然后单击其他位置完成顶点编辑操作。

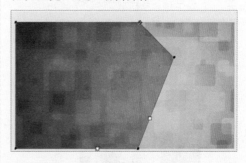

STEP 6　选中形状

将形状复制多份，并移至其他幻灯片中备用。按住【Ctrl+Shift】组合键的同时向右拖动形状，水平复制形状。❶选中上层形状，❷选中下层形状。

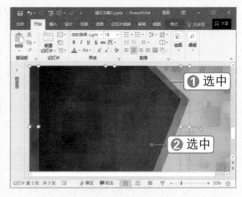

STEP 7　合并形状

❶ 在 格式 选项卡下单击"合并形状"下拉按钮 ◯▾，❷ 选择 ◯ 剪除(S) 选项，查看生成的新形状。

STEP 8　复制形状

将形状复制一份，并进行水平翻转。

STEP 9　选中对象

将第 6 步备份的形状复制到此幻灯片中，❶选中图片，❷选中形状。

STEP 10　合并形状

❶ 在 格式 选项卡下单击"合并形状"下拉按钮 ◯▾，❷ 选择 ◯ 剪除(S) 选项，以裁剪图片，显示出最下层的图像。

STEP 11　复制形状

将第 6 步备份的形状复制到此幻灯片中，并调整其位置。

STEP 12　编辑幻灯片

在幻灯片中插入文本框、形状等元素并进行编辑，即可完成封面页的制作。

秒杀技巧　利用辅助元素修饰 PPT

　　文字和图片本身是包含信息的，称为信息元素。形状和线条本身是不包含信息的，称为辅助元素，它们是为了辅助文字或者图片更好地传递信息。

CHAPTER 01

CHAPTER 02

CHAPTER 03

CHAPTER 04

CHAPTER 05

CHAPTER 06

6.3.2 制作杂志风格封面页

微课：制作杂志
风格封面页

一般在设计杂志时都会充分考虑以视觉化的方式将信息呈现在读者面前，杂志的排版设计大都简单精致，构思巧妙。在制作 PPT 时，我们可以借鉴杂志的排版设计方法，将其融入到自己的 PPT 作品中。下面制作一个杂志风格的 PPT 封面，具体操作方法如下：

STEP 1　选择裁剪比例

在幻灯片中插入背景图片，❶选择 格式 选项卡，❷单击"裁剪"下拉按钮，❸选择 纵横比(A) 选项，❹选择 16:9 选项。

STEP 2　确认裁剪操作

此时即可将图片裁剪为与幻灯片相同的比例，单击其他位置确认裁剪操作。

STEP 3　插入矩形

将图片调整为与幻灯片同等大小，在幻灯片中显示参考线，插入矩形，复制当前幻灯片以备用，依次选中图片和矩形。

STEP 4　合并形状

❶单击"合并形状"下拉按钮，❷选择 相交(I) 选项。

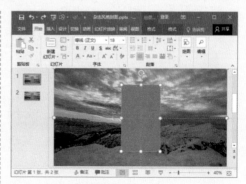

STEP 5　选择 置于底层(K) 命令

将备份的图片复制到幻灯片中，❶右击图片，❷选择 置于底层(K) 命令。

STEP 6 调整图片亮度

❶ 选中合并形状后的图片，打开"设置图片格式"窗格。❷ 选择"图片"选项卡🖼，❸ 设置"亮度"为 -10%。

STEP 7 添加阴影效果

❶ 选择"效果"选项卡◌，❷ 设置阴影效果选项。

STEP 8 插入矩形

将备份的矩形形状复制到新幻灯片中，再插入一个稍小的矩形，依次选中两个矩形。

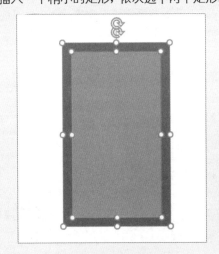

STEP 9 合并形状

❶ 单击"合并形状"下拉按钮◌▾，❷ 选择 ◌ 剪除(S) 选项。

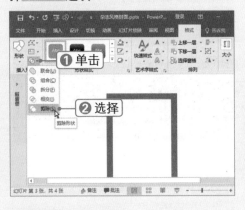

STEP 10 拆分矩形

设置矩形的填充颜色，然后利用"合并形状"功能将矩形拆分为两个。

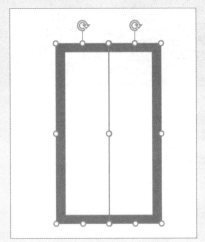

STEP 11 复制矩形

将矩形复制到封面幻灯片中，使其与其中的小图重合。

CHAPTER 01
CHAPTER 02
CHAPTER 03
CHAPTER 04
CHAPTER 05
CHAPTER 06

STEP 12 插入蒙版形状

在幻灯片中插入一个半透明的黑色矩形，并将其置于背景图像的上一层。

STEP 13 插入文本

在幻灯片中插入文本框，输入标题文本并设置字体格式。

STEP 14 选择 置于顶层(R) 命令

❶ 选中右侧的形状并右击，❷ 选择 置于顶层(R) 命令。

STEP 15 查看最终效果

至此，杂志风格的 PPT 封面制作完成。

6.3.3 制作多图型 PPT 内容页

下面制作一个多图型 PPT 内容页，在制作过程中借助表格来达到快速排版的目的，具体操作方法如下：

微课：制作多图型 PPT 内容页

STEP 1 选择 设置背景格式(B)... 命令

❶右击幻灯片背景，❷选择 设置背景格式(B)... 命令。

STEP 2 设置纯色填充

打开"设置背景格式"窗格，❶选中"纯色填充"单选按钮，❷选择颜色。

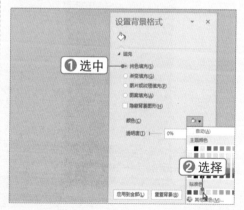

STEP 3　选择表格

❶选择 插入 选项卡，❷单击"表格"下拉按钮，❸选择 2×3 网格。

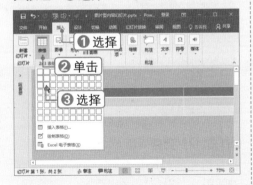

STEP 4　设置表格样式选项

此时即可在幻灯片中插入表格。❶选择 设计 选项卡，❷在"表格样式选项"组中取消选择"标题行"复选框。

STEP 5　调整表格大小

拖动表格右下角的控制柄调整表格大小，并将其移至合适的位置。

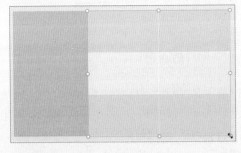

STEP 6　合并单元格

❶选中单元格，❷选择 布局 选项卡，❸在"合并"组中单击"合并单元格"按钮。

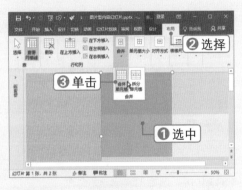

STEP 7　设置无边框

❶选中表格，❷选择 设计 选项卡，❸单击"边框"下拉按钮 ⊞▾，❹选择 无框线(N) 选项。

STEP 8　选择 选择性粘贴(S)... 选项

选中并复制表格，❶单击"粘贴"下拉按钮，❷选择 选择性粘贴(S)... 选项。

STEP 9　选择粘贴选项

弹出"选择性粘贴"对话框，❶选择"图片（增强型图元文件）"选项，❷单击 确定 按钮。

CHAPTER 01
CHAPTER 02
CHAPTER 03
CHAPTER 04
CHAPTER 05
CHAPTER 06

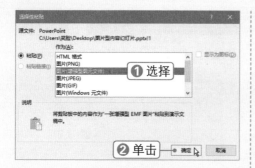

STEP 10 选择 取消组合(U) 命令

❶右击表格，❷选择 取消组合(U) 命令。

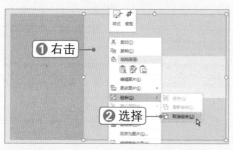

STEP 11 单击 是(Y) 按钮

弹出提示信息框，单击 是(Y) 按钮。

STEP 12 选择 取消组合(U) 命令

此时表格转换为组合图形，❶右击图形，❷选择 取消组合(U) 命令。

STEP 13 查看转换效果

此时表格即可转换为多个形状。

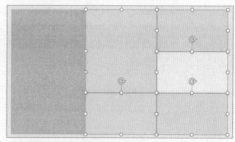

STEP 14 调整间距

根据需要调整形状大小，使其保持一定的间距。

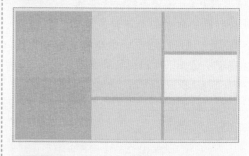

STEP 15 单击 文件(F)... 按钮

❶选中形状，打开"设置图片格式"窗格，❷选中"图片或纹理填充"单选按钮，❸单击 文件(F)... 按钮。

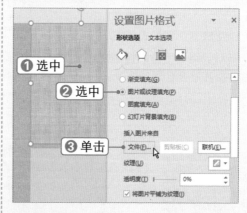

STEP 16 选择图片

弹出"插入图片"对话框，❶选择图片，❷单击 插入(S) 按钮。

STEP 17 选择 📷 填充(L) 选项 ////////////

❶ 选择 格式 选项卡，❷ 单击"裁剪"下拉按钮，❸ 选择 📷 填充(L) 选项。

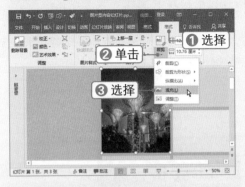

STEP 18 裁剪图片 ///////////////

此时图片以原始大小填充到形状中，拖动图片调整其位置。

STEP 19 对图片取色 ////////////

采用同样的方法，为其他形状填充图片。选中图片，❶ 单击 颜色▾ 下拉按钮，❷ 选择"灰度"选项。

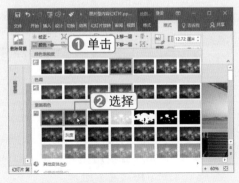

STEP 20 重复操作 ////////////

选中其他图片，按【F4】键重复"灰度"操作。在图片中插入文本、图标和形状，查看最终效果。

实操解疑 ❓

利用媒介展示图片

对于一些展示效果不佳的图片，可以通过这些展示类媒介进行显示。在 PPT 演示中，笔记本电脑和手机是使用最频繁的展示媒介，可以其作为载体提高图片的展现力。

CHAPTER 01

CHAPTER 02

CHAPTER 03

CHAPTER 04

CHAPTER 05

CHAPTER 06

私房实操技巧

TIP_

当文字和图片进行上下排列时，文字摆放在图片下方会比放在图片上方更加让人愿意阅读。通过简单的文本位置调整，即可达到有效的排版效果。

TIP_

通过将文字转换为图片，可以为文字应用更多效果，下面举例说明。

1 使用一张公路图片作为幻灯片背景，输入数字 2018 并设置字体格式，如下图（左）所示。

2 打开"设置形状格式"窗格，选择"文本选项"选项卡，再选择"文字效果"选项卡，从中设置三维旋转格式，如下图（右）所示。

3 复制文本，单击"粘贴"下拉按钮，选择"图片"选项，如下图（左）所示。

4 为粘贴的图片应用"混凝土"艺术效果，如下图（右）所示。

TIP_

在图片中插入一个无填充颜色的表格，然后设置个别单元格的填充颜色并调整透明度，可以轻松地制作出各种 Metro 风格的图片效果，如下图所示。

TIP：使用 SmartArt 工具排版图片

 SmartArt 工具中有一个专门针对图片视觉化表达图形集合，每种版式都配以简短的文字说明，告诉用户这个版式针对的逻辑是什么样的。运用好这 31 种图片版式，能够帮助我们快速排版幻灯片中的图文内容，如下图所示。

Ask Answer　高手疑难解答

问　如何保持 PPT 画面平衡？

图解解答　在一个平面上，每个元素都是有"重量"的。同一个元素，颜色深的比颜色浅的重，面积大的比面积小的重，位置靠下的比位置靠上的重。灵活掌握该平衡理论，在排版时若页面出现失衡的情况，可以尝试按照平衡理论改变元素的颜色、大小或位置等，如下图所示。

CHAPTER 01
CHAPTER 02
CHAPTER 03
CHAPTER 04
CHAPTER 05
CHAPTER 06

问 **如何在 PPT 中进行视觉引导？**

图解解答 熟练运用 PPT 版式设计中的"留白"原则即可形成引导视觉。如果页面中包含了非常多的文本、图形和图像，就需要利用线条或颜色来引导视觉。其中颜色是最直白的引导方式，合理搭配颜色并将色彩反差最大化，以指引视觉方向，如下图所示。

高效制作图表型 商务 PPT

本章导读

在 PPT 中运用图表可以迅速传达信息,更明确地显示信息之间的相互关系,使信息的表达更鲜明、更直观。PPT 中的图表可以分为数据图表和逻辑图表两大类,本章将详细介绍如何高效制作图表型商务 PPT。

知识要点

01 制作数据图表

02 制作逻辑图表

03 实操案例:制作图表型 商务 PPT

案例展示

▼ 制作数据图表

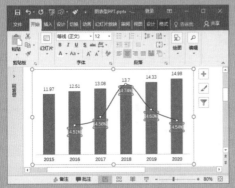

▼ 制作逻辑图表

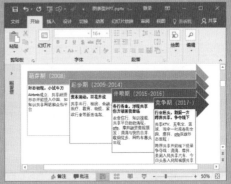

▼ 制作数据图表型幻灯片

▼ 制作逻辑图表型幻灯片

Chapter 07

7.1 制作数据图表

■ 关键词：图表类型、创建图表、编辑数据、更改图表
类型、删除图表元素、设置图表格式

PPT 中的数据图表可以将抽象的数字以形象的图形进行展示，让人们即使不看数字也能明白数字所要表达的信息。下面详细介绍如何制作数据图表。

7.1.1 常用数据图表的类型及应用特点

在日常工作中，常用的图表主要包括四类：柱形图（包括条形图）、折线图、饼图和散点图。若要创建图表，可在"插入"选项卡下单击"图表"按钮，如下图（左）所示，在弹出的对话框中即可选择所需的图表类型，如下图（右）所示。

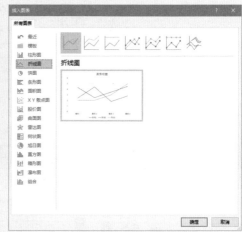

下面将介绍各类图表的特点及其应用场景。

1. 柱形图系列

柱形图系列包括柱形图和条形图，通过柱子的高度来表示数值的大小，通常用于反映不同类别之间的数据对比，以及随时间推移的变化等。

如果柱形图中包括多个系列，则依据数据系列之间的关系，又可将柱形图分为簇状柱形图、堆积柱形图和百分比柱形图。

(1) 簇状柱形图

簇状柱形图系列之间为并列对比关系，它将同一数据系列的不同维度的柱子并列排放，如下图所示。

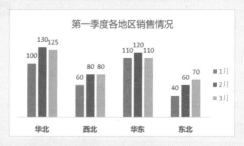

(2) 堆积柱形图

堆积柱形图系列之间为叠加对比关系，它反映同一个数据系列不同维度的柱子的叠加，既能表达多个数据维度在总体中所占的大小，又能突出总体数值的大小对比，如下图所示。

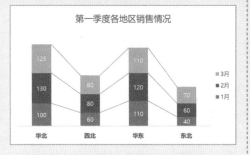

(3) 百分比堆积柱形图

百分比堆积柱形图系列之间为内部占比关系，它将柱子的绝对高度转换为百分比高度，即不同数据系列的柱子高度是相同的。此时柱子的高度失去了意义，百分比堆积柱形图的主要意义在于突出内部数据组成的占比情况，如下图所示。

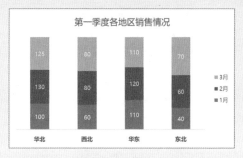

(4) 条形图

条形图可以看成是横向的柱形图，用于描述各个项目之间数据差别情况。与柱形图相比，条形图不太重视时间因素，比较适用于展现数据之间的排名或标签文本较长的情况，如下图所示。在设计条形图时，可以采用细小的横条，并添加渐变的元素，使其简洁而又活泼。

2. 折线图系列

折线图系列包括折线图和面积图。折线图是用直线将各个数据点连接起来，以此来反映数据随时间变化的趋势，如下图所示。折线图可用在数据较多的情况下，如果包括多组数据系列，可以使用堆积折线图和百分比折线图。

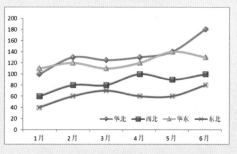

面积图可以看成是折线图与横坐标轴组成的区域，在一定程度上可以替代折线图，如下图所示。若面积图中包括多个系列，为了防止数据被遮盖，可以将系列图形设置为半透明效果。

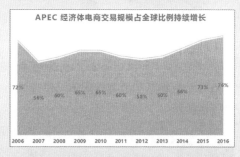

3. 饼图系列

饼图系列包括饼图和圆环图。饼图适用于显示一个数据系列中各项的大小和占比，一个饼图只能包含一个数据系列，所以从功能上来看，它相当于百分比堆积柱形图中的一个柱子，如下图所示。

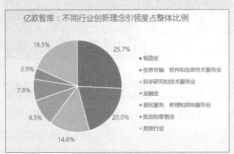

在使用饼图时，最好将份额最大的部分放在 12 点方向，顺时针放置第二大份额的部分，以此类推。若系列中各项的数值大小差别不大，则不建议使用饼图，因为人眼对面积大小的识别并不太敏感。

此外，饼图可以将其中的一部分继续以另一个饼图或堆积图展示其内部构成，即复合饼图，用于查看饼图中某个扇面的详细情况，如下图所示。

圆环图除了可以显示部分与整体之间的关系外，还可包含多个数据系列，但有多个数据系列的圆环图不易于理解，如下图所示。

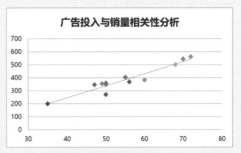
第一季度各地区销售情况
■ 华北 ■ 西北 ■ 华东 ■ 东北

4. 散点图系列

散点图系列包括 XY 散点图和气泡图。XY 散点图用于表示数据之间的相关性和分布性，其中相关性指因变量随自变量变化的大致趋势，分布性指坐标轴某一区域散点的分布密度，如下图所示。

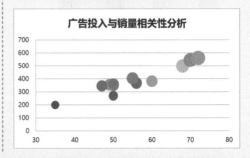
广告投入与销量相关性分析

气泡图是散点图的变形，它可以展现三个维度上的数据相关性。在散点图两个维度的基础上加入了气泡大小，以展示第三个维度的数据，如下图所示。

广告投入与销量相关性分析

7.1.2 创建数据图表

基本图表所展现的维度是有限的，在 PowerPoint 中可创建组合图表，将两种及两种以上的图表类型组合到一个图表中。下面以创建组合图表为例介绍如何创建数据图表，具体操作方法如下：

微课：创建
数据图表

STEP 1 选择图表类型

打开"插入图表"对话框，❶ 在左侧选择"柱形图"类型，❷ 选择"簇状柱形图"样式，❸ 单击 确定 按钮。

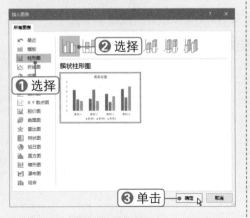

STEP 2 编辑图表数据

在打开的窗口中编辑图表数据，单击"在Microsoft Excel 中编辑数据"按钮。

STEP 3 编辑图表数据

打开 Excel 窗口，编辑数据并设置增长率为百分比格式。拖动表格右下角的 标记，调整图表数据范围。

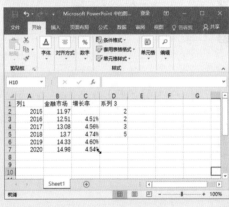

STEP 4 选择 更改系列图表类型(Y)... 命令

查看插入的柱形图效果，❶选中"增长率"图例并右击，❷ 选择 更改系列图表类型(Y)... 命令。

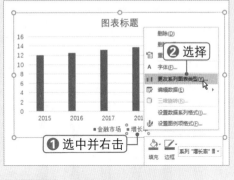

STEP 5 设置系列图表类型

弹出"更改图表类型"对话框，❶ 设置"增长率"系列的图表类型为"带数据标记的折线图"，❷选中"次坐标轴"复选框，❸单击 确定 按钮

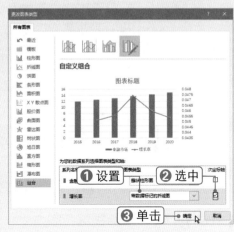

STEP 6 查看折线图

此时即可将"增长率"系列更改为折线图。

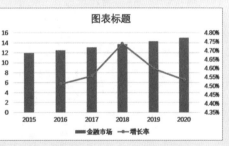

CHAPTER 07
CHAPTER 08
CHAPTER 09
CHAPTER 10
CHAPTER 11
CHAPTER 12

7.1.3 美化图表

　　图表创建完成后，还需对其进行必要的美化操作，如删除不需要的元素，设置元素格式等，具体操作方法如下：

微课：美化图表

▍STEP 1　删除图表元素

在图表中分别选中图表标题、图例和网格线，按【Delete】键将其删除。

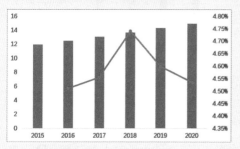

▍STEP 2　删除次要纵坐标轴

❶双击次坐标轴,打开"设置坐标轴格式"窗格，❷选择"坐标轴选项"选项卡📊，❸展开"标签"，在"标签位置"下拉列表中选择"无"选项，即可删除次要纵坐标轴。采用同样的方法，删除主要纵坐标轴。

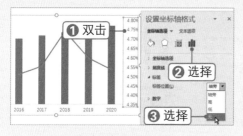

▍STEP 3　设置横坐标轴

❶选中横坐标轴，❷选择"填充与线条"选项卡🖌️，❸在"线条"区域中选中"实线"单选按钮，❹设置线条颜色、宽度等。

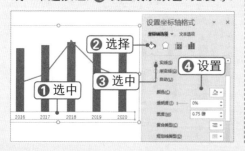

▍STEP 4　设置折线线条格式

❶选中折线图，❷在"线条"区域中设置颜色、宽度等。

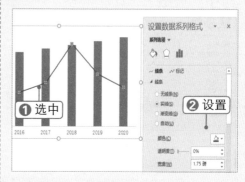

▍STEP 5　平滑折线

在窗格下方选中"平滑线"复选框，此时折线变为平滑线。

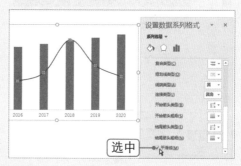

▍STEP 6　设置数据标记选项

❶选择"标记"选项卡，❷在"数据标记选项"区域中选中"内置"单选按钮，❸选择标记类型，并设置大小。

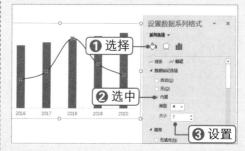

CHAPTER 07
CHAPTER 08
CHAPTER 09
CHAPTER 10
CHAPTER 11
CHAPTER 12

STEP 7 设置标记格式

在"填充"区域中设置白色填充，在"线条"区域中设置标记与折线颜色相同。

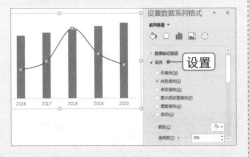

STEP 8 设置系列选项

❶选中柱形图系列，❷选择"系列选项"选项卡 📊，❸设置系列重叠和间隙宽度。

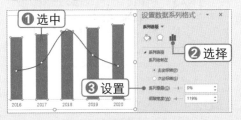

STEP 9 添加柱形图数据标签

❶选中柱形图，❷单击"图表元素"按钮 ➕，❸选中"数据标签"复选框。

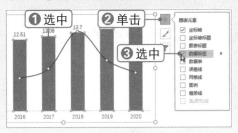

STEP 10 添加折线图数据标签

❶选中柱形图，❷单击"图表元素"按钮 ➕，❸选中"数据标签"复选框，❹选择"下方"选项。

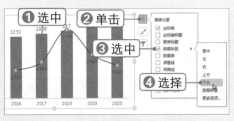

STEP 11 设置字体格式

❶选中数据标签，❷在"字体"组中设置字体颜色为白色。

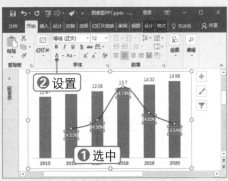

秒杀技巧　自定义折线图标记

可以将本地电脑中的图片设置为折线图的标记，在"内置"标记类型下拉列表框中选择"图片"选项，然后在弹出的对话框中选择图片即可。

Chapter 07

7.2 制作逻辑图表

■ 关键词：选择 SmartArt 图形、添加形状、编辑文本、应用样式、更改布局样式、文本转换为图形

　　逻辑图表用于描述思想和逻辑，它能将纷繁芜杂的文字梳理清楚，让观众一目了然。在制作 PPT 时，可以使用预设的形状自制逻辑图表，还可通过 SmartArt 图形快速生成图表。

7.2.1 创建 SmartArt 图形

微课：创建
SmartArt 图形

在 PowerPoint 2016 中提供了 8 种类型的 SmartArt 图形，包括：列表、流程、循环、层次结构、关系、矩阵、棱锥图和图片。下面将介绍如何创建 SmartArt 图形，具体操作方法如下：

▌STEP 1）单击 SmartArt 按钮

❶ 选择 插入 选项卡，❷ 单击 SmartArt 按钮。

▌STEP 2）选择图形类型

弹出 "选择 SmartArt 图形" 对话框，❶ 在左侧选择 "流程" 分类，❷ 选择 "递增箭头流程" 图形类型，❸ 单击 确定 按钮。

实操解疑

逻辑图表分类

从图表的图形样式上来讲，可以简单地将逻辑图表分为四种：指向关系、递进关系、包容关系和并列关系。递进关系多用箭头和台阶来表示。

▌STEP 3）添加形状

此时即可插入 SmartArt 图形，❶ 选中最

上方的箭头形状，❷ 在 设计 选项卡下单击 添加形状 下拉按钮，❸ 选择 在后面添加形状(A) 选项。

▌STEP 4）输入文本

单击 SmartArt 图形左侧的 ‹ 按钮，展开文本窗格。分别在占位符中输入所需的文本，然后在标题文本后定位光标。

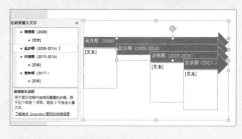

▌STEP 5）降级文本

按【Enter】键确认插入新形状，按【Tab】键进行降级，将标题文本转换为内容文本。

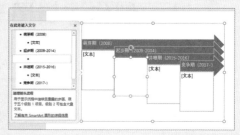

高效制作图表型商务 PPT

CHAPTER 07
CHAPTER 08
CHAPTER 09
CHAPTER 10
CHAPTER 11
CHAPTER 12

STEP 6 输入内容文本

在 SmartArt 图形的矩形形状中分别输入内容文本，并设置字体格式。

7.2.2 美化 SmartArt 图形

使用 SmartArt 图形既可以让逻辑图表的创建变得智能化、傻瓜式，还可以很方便地美化图形，具体操作方法如下：

微课：美化 SmartArt 图形

STEP 1 应用颜色样式

❶ 选中 SmartArt 图形，❷ 在 设计 选项卡下单击"更改颜色"下拉按钮，❸ 选择所需的颜色样式。

STEP 2 应用图形样式

❶ 单击"快速样式"下拉按钮，❷ 选择所需的图形样式。

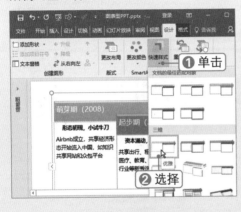

STEP 3 更改图形类型

❶ 单击"更改布局"下拉按钮，❷ 选择所需的 SmartArt 图形样式，即可快速更改图形类型。

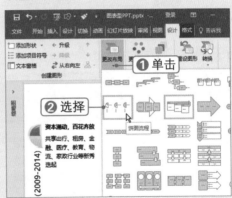

STEP 4 将图形转换为形状

要设置图形中各元素的格式，可将其选中后在"格式"选项卡下进行操作。要进行更多的编辑操作，❶ 可右击图形，❷ 选择"组合"选项，❸ 选择"取消组合"命令，将图形转换为普通形状后再进行编辑。

7.2.3 将文本转换为 SmartArt 图形

将文本转换为 SmartArt 图形是一种将现有幻灯片转换为专业逻辑图表的快捷方法，具体操作方法如下：

微课：将文本转换为 SmartArt 图形

■ STEP 1 选择 其他SmartArt 图形(M) 选项

❶在幻灯片中插入文本框并输入文本，❷在 开始 选项卡下单击"转换为 SmartArt"按钮，❸选择 其他SmartArt 图形(M)... 选项。

■ STEP 2 选择图形类型

在弹出的对话框中，❶选择"垂直曲形列表"图形类型，❷单击 确定 按钮。

■ STEP 3 调整形状次序

此时即可将文本转换为 SmartArt 图形，

❶选中图形中的形状，❷在"创建图形"组中单击"上移"按钮或"下移"按钮，调整形状的次序。

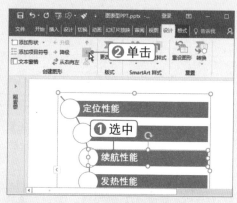

■ STEP 4 将图形转换为文本

❶单击"转换"下拉按钮，❷选择"转换为文本"选项，即可将图形转换为文本。

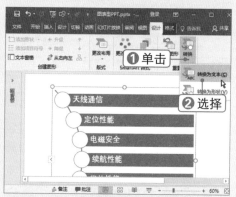

Chapter 07

7.3 实操案例：制作图表型商务 PPT

■ 关键词：编辑图表数据、设置系列选项、调整系列次序、设置系列格式、更改形状

学习了图表型 PPT 的创建与美化方法后，为了使读者能够学以致用，下面将通过两个图表型幻灯片制作的实操案例来应用并巩固本章所学的知识。

高效制作图表型商务 PPT

CHAPTER 07

CHAPTER 08

CHAPTER 09

CHAPTER 10

CHAPTER 11

CHAPTER 12

7.3.1 制作数据图表型幻灯片

下面通过制作一张数据图表幻灯片，展现在某企业中参与内容营销活动的各部门所占比例，具体操作方法如下：微课：制作数据图表型幻灯片

STEP 1 编辑图表数据

插入柱形图，编辑图表数据。

STEP 2 查看柱形图

此时即可查看插入的柱形图效果。

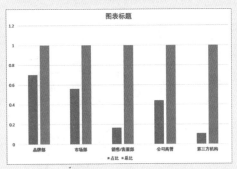

STEP 3 删除图表元素

删除图表标题、图例、网格线和纵坐标轴等元素。

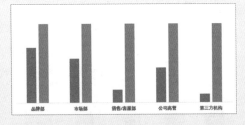

STEP 4 设置系列选项

❶双击柱形图，打开"设置数据系列格式"窗格，❷选择"系列选项"选项卡

，❸设置"系列重叠"和"间隙宽度"均为 100%。

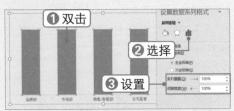

STEP 5 单击"选择数据"按钮

❶选择 设计 选项卡，❷单击"选择数据"按钮。

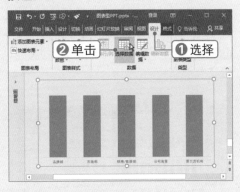

STEP 6 调整系列次序

弹出"选择数据源"对话框，❶选中"占比"系列，❷单击"下移"按钮，调整系列次序，❸单击 确定 按钮。

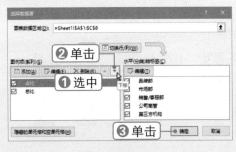

STEP 7 查看调整效果

此时"总比"系列即可移到"占比"系列下层。

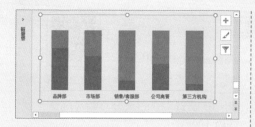

STEP 8　选中系列

在"品牌部"占比系列上连续单击两次
将其选中。

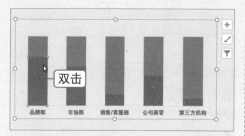

STEP 9　选择填充颜色

❶右击系列，❷单击"填充"下拉按钮，
❸选择填充颜色。

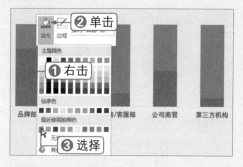

STEP 10　设置填充颜色

采用同样的方法，设置其他系列的填充
颜色。

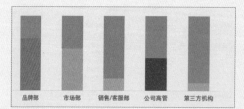

STEP 11　右击"总比"系列

选中"总比"系列并右击，弹出浮动工
具栏。

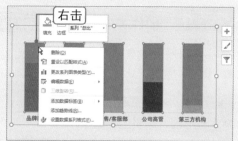

STEP 12　设置系列格式

设置"总比"系列无填充颜色，设置边
框颜色与其对应的"占比"系列颜色相同。

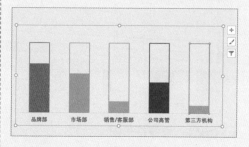

STEP 13　添加数据标签

❶选中"占比"系列，❷单击"图表元素"
按钮，❸选中"数据标签"复选框。

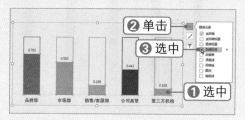

STEP 14　设置数据标签数字格式

❶选中数据标签，❷打开"设置数据标
签格式"窗格，选择"数据标签选项"
选项卡，❸在"数字"区域中设置百
分比格式。

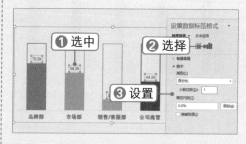

STEP 15 设置数据标签字体格式

设置数据标签的字体大小，并分别设置其字体颜色。

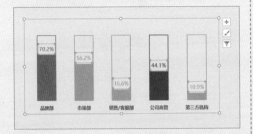

STEP 16 添加文本内容

在幻灯片中添加文本内容，并分别调整各元素的位置。

7.3.2 制作逻辑图表型幻灯片

SWOT 分析是分析企业或组织的优劣势、面临的机会和威胁的一种方法。下面利用 SmartArt 图形快速制作一张 SWOT 分析幻灯片，具体操作方法如下：

微课：制作逻辑图表型幻灯片

STEP 1 选择图形类型

打开"选择 SmartArt 图形"对话框，❶在左侧选择"矩阵"选项，❷选择"基本矩阵"类型，❸单击 确定 按钮。

STEP 2 输入文本

在文本占位符中输入所需的文本。

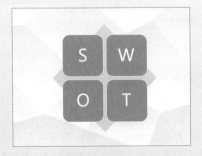

STEP 3 更改形状

❶ 按住【Shift】键选中图形中的所有圆

角矩形，❷选择 格式 选项卡，❸单击"更改形状"下拉按钮 ，❹选择"椭圆"形状。

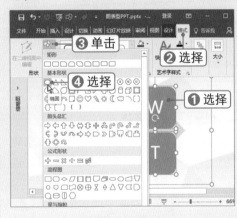

STEP 4 查看更改图形效果

此时即可将圆角矩形形状更改为圆形形状。

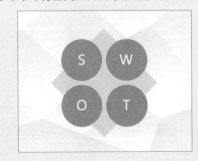

CHAPTER 07

CHAPTER 08

CHAPTER 09

CHAPTER 10

CHAPTER 11

CHAPTER 12

STEP 5 更改形状

❶选中图形中的菱形形状，❷单击"更改形状"下拉按钮，❸选择"图文框"形状。

STEP 6 查看更改图形效果

此时即可将菱形更改为图文框。

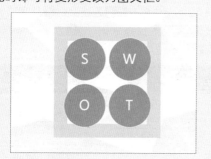

STEP 7 旋转形状

选中图文框形状，按住【Shift】键拖动旋转柄旋转形状。

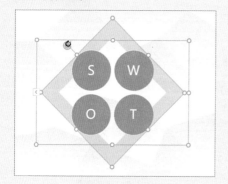

STEP 8 减小形状

❶选择 格式 选项卡，❷单击"减小形状"按钮。

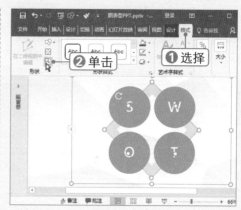

STEP 9 设置填充颜色

根据需要设置图形中各个形状的填充颜色。

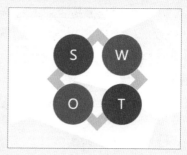

STEP 10 添加文本

在幻灯片中插入文本框，输入所需的文本，查看最终效果。

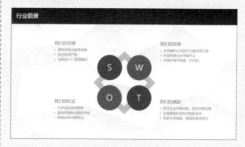

秒杀技巧　删除 SmartArt 中的形状

在 SmartArt 图形中选中要删除的形状，按【Delete】键即可将其删除。需要注意的是，如果删除的形状有下属形状，那么位于第一位的下属形状会升级并取代被删除的形状。

CHAPTER 07

CHAPTER 08

CHAPTER 09

CHAPTER 10

CHAPTER 11

CHAPTER 12

商务办公 私房实操技巧

TIP：利用【Shift】和【Ctrl】键辅助绘制标准图形

 在绘制标准形状时，可以按住【Shift】键帮助我们绘制出规规矩矩的图形，如直线、正方形、正圆形，或等比例拉伸等。按住【Shift】键拖动形状边角的控制柄，可以等比例拉伸图形；按住【Ctrl】键的同时拉伸图形，可以保持图形的中心不变；按住【Shift+Ctrl】键的同时拉伸图形，可以图形中心为基点进行等比例拉伸。此外，按住【Shift】键可以在水平或垂直方向移动图形的位置，按住【Ctrl】键的同时拖动图形可以快速复制图形。

TIP：统一图表格式

 要为多个图表设置相同的图表格式，可以复制当前图表，然后对图表数据进行重新编辑，或更改图表类型。

TIP：分离饼图扇区

 在饼图中选中扇区并双击，打开"设置数据点格式"窗格，选择"系列选项"选项卡，设置"点分离"选项即可，如右图所示。

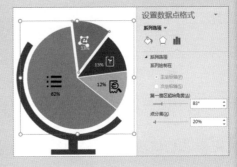

TIP：使用在线工具快速创建炫酷图表

 推荐一个在线可视化工具"镝数"，网址为：http://www.dydata.io。它提供了许多数据可视化模板，可以通过简单的操作快速创建可视化图表，还可将图表导出为 SVG 格式，如右图所示。类似这样的工具还有阿里云的 Data V 等。

Ask Answer 高手疑难解答

问 如何在 PPT 中导入 Excel 表格？

图解解答 Excel 是编辑数据表格的最佳场所，在 PPT 中导入 Excel 表格的方法如下：

[1] 在 Excel 中复制要导入到 PPT 的单元格区域。

[2] 在幻灯片中右击，选择所需的粘贴方式，如下图（左）所示。

[3] 还可将表格链接到 PPT 中，在 Excel 中复制数据表格后，在幻灯片中单击"粘贴"下拉按钮，选择"选择性粘贴"选项。

[4] 弹出"选择性粘贴"对话框，选中"粘贴链接"单选按钮，选择"Microsoft Excel 工作表"选项，单击 确定 按钮，如下图（右）所示。此时，当 Excel 中的数据更新后，可在幻灯片中右击表格，选择"更新链接"命令，即可快速刷新数据。

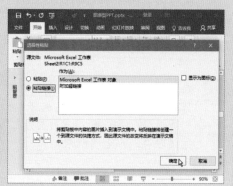

问 如何快速制作甘特图？

图解解答 甘特图以条状图通过活动列表和时间刻度表示出特定项目的顺序与持续时间。在 PPT 中可以利用表格制作时间刻度和活动列表，然后通过在表格单元格中填充颜色或绘制形状来制作活动进度，效果如下图所示。

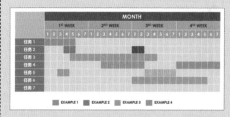

高效制作商务 PPT 动画与多媒体

本章导读

动画是 PPT 的重要表现手段，为 PPT 添加动画，可以使原本静态的幻灯片动起来。合理地运用 PowerPoint 中的动画功能，可以使 PPT 在放映时更加出彩，吸引观众的注意力。本章将详细介绍为商务 PPT 添加动画的方法。

知识要点

01 PPT 动画种类及应用方法

02 在 PPT 中应用多媒体

03 实操案例：制作商务 PPT 动画

案例展示

▼ 设置背景音乐

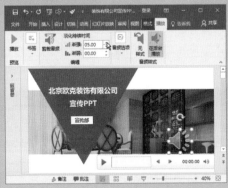

▼ 插入视频

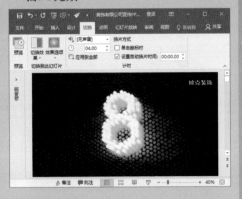

▼ 为封面页设置动画

▼ 为内容页设置动画

Chapter 08

8.1 PPT 动画种类及应用方法

■ 关键词：幻灯片内容动画、切换动画、动作链接、动画设置功能

在 PPT 中，动画的作用主要是串联幻灯片内容和强调指定的内容。下面将详细介绍 PowerPoint 中的动画种类及其应用方法。

8.1.1 PPT 动画的种类

在 PPT 中，可以将动画大体上分为三大类：内容动画、幻灯片切换动画和动作链接。

1. 幻灯片内容动画

幻灯片内容动画，即为幻灯片中各元素添加的动画，依据内容动画播放的不同时间而赋予动画的效果分为三种，分别是进入动画、强调动画和退出动画，如下图所示。

2. 幻灯片切换动画

幻灯片切换效果，即在幻灯片放映时从一张幻灯片移到下一张幻灯片时出现的动画效果。通过为幻灯片添加切换效果，可以使 PPT 播放起来变得更流畅。

相比幻灯片内容动画，切换动画效果功能较为单一，设置起来也更为简单。若为幻灯片添加切换动画，需要在"切换"选项卡下为所选幻灯片应用适当的转场效果，如下图所示。

3. 动作链接

严格来讲，动作链接不能算是 PPT 动画，因为它不会在视觉上为观众带来变换效果。之所以将该功能放在此处来讲，是因为它的表现形式是一种动态形式。在放映 PPT 时，通过单击动作链接实现幻灯片之间的快速跳转，让观众感觉到视觉上的切换。

8.1.2 使用动画设置功能

为幻灯片对象添加动画很简单，但要使用动画将 PPT 中的内容恰当地串联起来，就需要合理运用 PowerPoint 中提供的各种动画设置功能。

1. 运用动画窗格

在"动画"选项卡的功能区中只能对动画进行一些基础的属性设置，要想真正发挥动画的功效，必须要借助动画窗格。在动画窗格中可以很方便地选择动画，调整动画顺序，设置动画开始时间等，如下图所示。

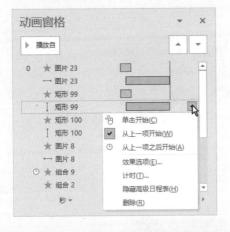

2. 设置动画效果选项

在 PowerPoint 中每种动画都有不同的动画效果，要设置更为丰富的动画效果，可以在动画窗格中双击动画，弹出动画效果对话框，从中设置动画选项。例如，为文本框应用"波浪形"强调动画后，打开动画效果对话框，在"效果"选项卡下可以设置"按字母"播放动画文本，并在字母之间设置延迟，如下图所示。

在"计时"选项卡下可以设置动画重复播放，并为动画添加触发器，如下图所示。

3. 应用动画时间轴

为动画设置效果固然重要，但如果没有按照恰当的时间顺序来安排动画的播放顺序，则一切都是徒劳。要设置动画的开始、持续和延迟时间，动画播放的先后顺序，这些都是在"计时"组或动画窗格中进行设置，如下图所示。

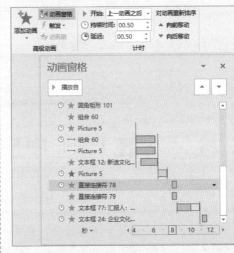

4. 设置动画方向与路径

应用路径动画可以使 PPT 元素按照设计者想要的轨迹进行运动。动作路径既可运用在进入动画中，也可用于强调和退出动画。例如，为形状应用"弧形"路径动画后右击路径，选择 编辑顶点(E) 命令，如下图所示。

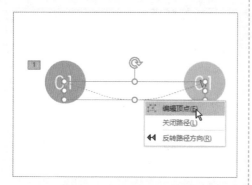

调整路径顶点的位置，使其成为所需的运动轨迹。要添加顶点，可在路径上单击并拖动鼠标，如下图所示。

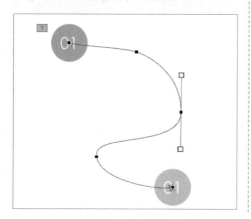

5. 叠加动画

幻灯片中的每个元素不是只能应用一种动画，我们可以使用"添加动画"功能为一个对象添加多种动画，使动画播放效果更加丰富。例如，为 PPT 元素应用"基本缩放"进入动画后，通过单击"添加动画"按钮再为其添加"脉冲"强调动画，如下图所示。

实操解疑

不能乱用切换动画

在众多的动画特效中，每种动画都有其应用范围，如淡入、淡出动画只能用在动作前后是一个主题内容的页面上，而"压碎""折断"这些动画则用于强烈否定前面的观点。

Chapter 08

8.2 在 PPT 中应用多媒体

■关键词：插入音频文件、调节音量、设置在后台播放、插入视频、设置视频封面、剪裁视频

在 PPT 中不仅可以演示图片、文字、图表或动画，还可为幻灯片添加音频或视频等多媒体，使 PPT 演示有声有色，更富感染力。

8.2.1 添加背景音乐

在对幻灯片进行放映时，为了渲染气氛，经常需要在幻灯片中添加背景音乐。具体操作方法如下：

微课：添加背景音乐

STEP 1 选择 🔊 PC 上的音频(P)… 选项

打开素材文件，①选择 插入 选项卡，②在"媒体"组中单击"音频"下拉按钮，③选择 🔊 PC 上的音频(P)… 选项。

STEP 2 选择音频文件

弹出"插入音频"对话框，①选择要插入的音频文件，②单击 插入(S) 按钮。

STEP 3 调节音量

此时会在幻灯片中插入一个音频图标🔊，将其拖至合适的位置，一般将其拖至演示区域之外。单击"播放"按钮▶，播放音乐。拖动音量滑块，调节背景音乐音量。

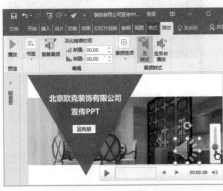

STEP 4 设置自动播放

①选择 播放 选项卡，②在"音频样式"组中单击"在后台播放"按钮，即可设置背景音乐自动播放。

STEP 5 淡化音频

在"编辑"组中设置"渐强"时间为 5 秒，这样背景音乐在播放时前 5 秒音量将逐渐变强，不会显得太突兀。

STEP 6 剪裁音频

①在"编辑"组中单击"剪裁音频"按钮，弹出"剪裁音频"对话框，②拖动滑块，调整音频文件的开始时间和结束时间，③单击 确定 按钮。

8.2.2 插入视频

微课：插入视频

如果在幻灯片演示中需要播放一段视频，无须中断幻灯片放映切换到其他视频播放软件，可以直接将视频文件插入到幻灯片中，还可根据需要对视频格式进行设置，具体操作方法如下：

STEP 1 选择 PC 上的视频(P) 选项

❶在 插入 选项卡下"媒体"组中单击"视频"下拉按钮，❷选择 PC 上的视频(P) 选项。

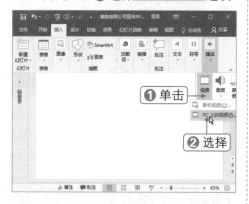

STEP 2 选择视频文件

弹出"插入视频文件"对话框，❶选择要插入的视频文件，❷单击 插入(S) 按钮。

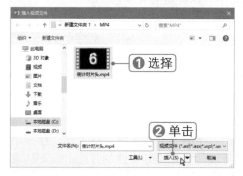

实操解疑

录制视频

如果想在 PPT 中插入网上的某段视频，可以使用 Powerpoint 的录制视频功能将其录制下来。在"媒体"组中单击"屏幕录制"按钮，然后选择录制区域，单击●按钮开始录制，单击■按钮结束录制，即可在 PPT 中插入录制的视频。

STEP 3 设置视频封面

❶在视频对象的进度条上单击或播放视频，找到要作为视频封面的图像，❷选择 格式 选项卡，❸在"调整"组中单击 海报帧 下拉按钮，❹选择 当前帧(U) 选项。

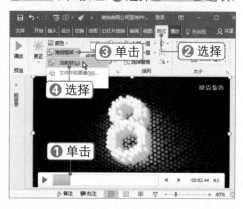

STEP 4 设置视频播放选项

❶选择 播放 选项卡，❷在"视频选项"组中设置相关选项，如选中☑全屏播放复选框。

STEP 5 剪裁视频

在 播放 选项卡下单击"剪裁视频"按钮，弹出"剪裁视频"对话框，❶拖动"开始"和"结束"滑块，分别设置视频的开始时间和结束时间，❷单击 确定 按钮。

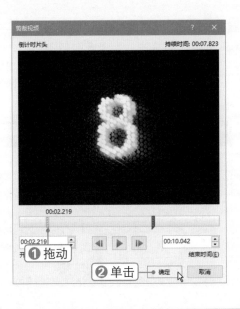

STEP 6　设置切换效果

❶ 选择 切换 选项卡，应用"涟漪"切换效果，❷ 设置持续时间为 4 秒，❸ 选中"设置自动换片时间"复选框。

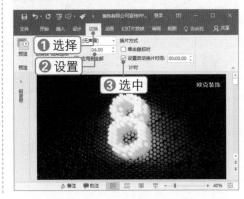

Chapter 08

8.3　实操案例：制作商务 PPT 动画

■ 关键词：选择动画、设置效果选项、设置计时选项、动画开始时间、设置路径动画、动画效果选项

下面将通过案例详细介绍如何在商务 PPT 中为幻灯片元素添加各种具有创意的动画效果。

8.3.1　为封面页设置动画

PPT 封面的动画相当于开场动画，若动画效果运用得当可以给观众留下深刻的印象。封面页的内容一般较少，所以通过播放封面动画效果来博得观众的好感尤为重要。下面将详细介绍如何为封面页添加动画效果，具体操作方法如下：

微课：为封面页设置动画

STEP 1　选中直线

选中要添加动画的对象，在此选中 4 条直线。

STEP 2　选择动画样式

❶ 选择 动画 选项卡，❷ 单击"动画样式"下拉按钮，❸ 选择"飞入"动画。

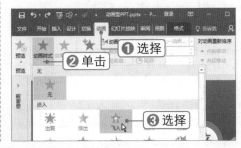

全图解商务与工作型 PPT 制作（全彩视听版）

STEP 3　设置动画方向

❶单击"效果选项"下拉按钮，❷选择"自顶部"选项。

STEP 4　设置计时选项

在"计时"组中设置开始时间为"与上一动画同时"，持续时间为 0.75 秒。

STEP 5　设置动画延迟时间

❶选中第 2 条直线，❷在"计时"组中设置"延迟"为 0.25 秒。采用同样的方法，设置第 3 条直线延迟 0.5 秒，第 4 条直线延迟 0.75 秒。

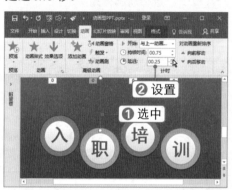

STEP 6　应用飞入动画

采用同样的方法，为组合图形添加"自底部"的"飞入"动画，设置开始时间为"与上一动画同时"，持续时间为 0.75 秒，并依次设置各图形的延迟时间。

STEP 7　为文本应用动画

采用同样的方法，为文本应用"缩放"动画，设置开始时间为"与上一动画同时"，并依次设置各文本的延迟时间。

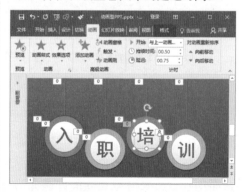

实操解疑

删除动画

选中应用动画的对象，在"动画"样式中选择"无"选项，即可将动画删除。此外，选中对象后，在动画窗格中将选中该对象应用的所有动画，按【Delete】键即可删除所有动画。

STEP 8　设置开始时间

打开动画窗格，❶右击第一个文本动画，❷选择 ⏱ 从上一项之后开始(A) 选项。

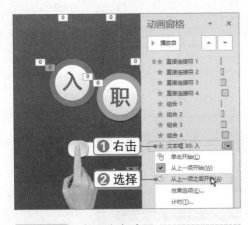

STEP 9　应用淡出动画

选中放置文字的圆角矩形及圆角矩形上的滑块图形，为其应用淡出动画，设置圆角矩形的开始时间为"上一动画之后"。

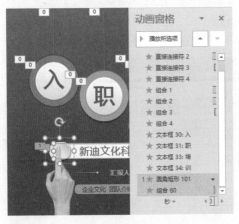

STEP 10　应用浮入动画

选中人手图像，为其应用浮入动画，设置开始时间为"上一动画之后"。

STEP 11　为对象添加其他动画

❶选中滑块和人手图像，❷单击"添加动画"下拉按钮，❸选择"直线"路径动画。

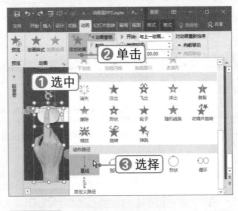

STEP 12　设置效果选项

❶单击"效果选项"下拉按钮，❷选择"右"选项。

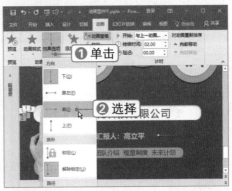

STEP 13　调整路径动画

分别调整滑块和人手路径动画的的末端位置为圆角矩形的右端，并设置滑块开始时间为"上一动画之后"。

CHAPTER 07
CHAPTER 08
CHAPTER 09
CHAPTER 10
CHAPTER 11
CHAPTER 12

STEP 14 应用擦除动画

❶选中公司名称文本框，为其应用"自左侧"的擦除动画。❷在"计时"组中设置开始时间为"与上一动画同时"，分别设置持续时间和延迟时间。

STEP 15 应用退出动画

❶选中人手图像，❷单击"添加动画"下拉按钮，❸选择"浮出"退出动画。

STEP 16 设置动画计时选项

❶在动画窗格选中"浮出"退出动画，❷在"计时"组中设置开始时间和持续时间。

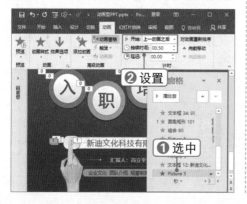

STEP 17 应用飞入动画

为汇报人左右两侧的直线分别应用"自右侧"和"自左侧"的飞入动画，分别设置开始时间为"上一动画之后"和"与上一动画同时"，延迟时间为 0.5 秒。

STEP 18 选择★ 更多进入效果(E)... 选项

❶选中汇报人文本框，❷单击"动画样式"下拉按钮，❸选择 ★ 更多进入效果(E)... 选项。

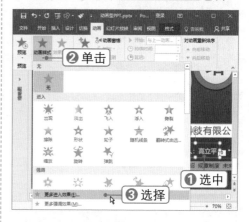

STEP 19 选择动画类型

在弹出的对话框中，❶选择"曲线向上"动画，❷单击 确定 按钮。

STEP 20　双击动画

在动画窗格中双击该动画。

STEP 21　设置动画效果

弹出"曲线向上"对话框，❶选择"效果"选项卡，❷在"动画文本"下拉列表框中选择"按字母"选项。

STEP 22　设置计时选项

❶选择"计时"选项卡，❷在"开始"下拉列表框中选择"上一动画之后"选项，❸设置"期间"为 1.5 秒，❹单击 确定 按钮。

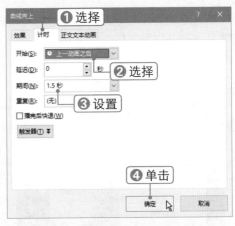

STEP 23　应用淡出动画

为最下方的文本框应用淡出动画，在"计时"组中设置开始时间为"上一动画之后"，延迟时间为 0.25 秒。

秒杀技巧　应用强调动画

　　强调动画又称中场动画，必须在动画对象存在的情况下才能发生，即对象的进入动画未完成前，强调动画无法显示效果。强调动画主要用于突出或强化某个特定对象。

8.3.2　为内容页设置动画

　　在为幻灯片内容页添加动画时要少而精，且具有创意，慎用华而不实的动画效果。下面详细介绍如何为内容页添加动画效果，具体操作方法如下：

微课：为内容页设置动画

CHAPTER 07
CHAPTER 08
CHAPTER 09
CHAPTER 10
CHAPTER 11
CHAPTER 12

STEP 1 设置图片层次

❶ 在幻灯片中选中图片并右击，❷ 选择 置于顶层(R) 命令。

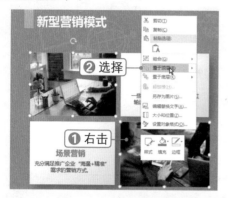

STEP 2 应用"直线"路径动画

❶ 选中左侧的图片，❷ 在 动画 选项卡下单击"添加动画"下拉按钮，❸ 选择"直线"路径动画。

STEP 3 设置效果选项

❶ 单击"效果选项"下拉按钮，❷ 选择"右"选项。

STEP 4 调整路径

根据需要调整路径动画的末端位置。

STEP 5 为其他对象添加动画

采用同样的方法，为其他对象应用不同方向上的直线动画，并调整动画路径。

STEP 6 设置开始时间

打开动画窗格，❶ 选中所有动画，❷ 在"计时"组中设置开始时间为"与上一动画同时"。

STEP 7 选择 效果选项(E)... 命令

❶ 选中所有动画并右击，❷ 选择 效果选项(E)... 命令。

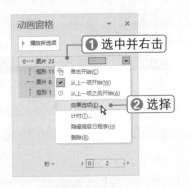

STEP 8 设置动画效果

弹出"效果选项"对话框，❶ 在"效果"选项卡下设置"平滑开始"和"平滑结束"时间均为 1 秒，❷ 选中"自动翻转"复选框，❸ 单击 确定 按钮。

STEP 9 添加淡出动画

❶ 在动画窗格中全选动画，❷ 单击"添加动画"下拉按钮，❸ 选择"淡出"动画。

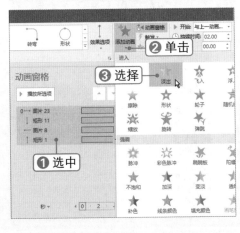

STEP 10 设置计时选项

在"计时"组中设置开始时间为"与上一动画同时"，持续时间为 1 秒。

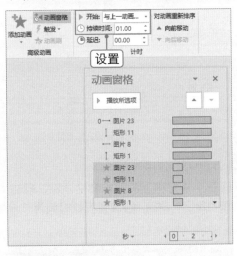

STEP 11 调整动画次序

在动画窗格中分别拖动淡出动画，调整动画次序，使其位于相应直线动画的上面。

实操解疑 ❓

绘制运动路径

在应用路径动画时，选择"自定义路径"选项，鼠标指针变为十字形状，通过单击的形式绘制所需的路径，绘制完成后双击鼠标左键。通过右击路径，可以对路径进行所需的编辑操作。

STEP 12 设置动画延迟

❶ 按住【Ctrl】键的同时选中路径动画，❷ 在"计时"组中设置延迟时间为 0.5 秒。

CHAPTER 07

CHAPTER 08

CHAPTER 09

CHAPTER 10

CHAPTER 11

CHAPTER 12

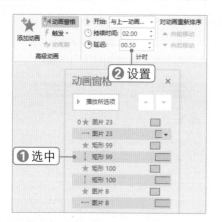

STEP 13　应用淡出动画

❶选中矩形框上的图标和文本框，❷选择"淡出"动画，❸设置开始时间为"与上一动画同时"。

STEP 14　设置开始时间

❶在动画窗格中选中 4 个淡出动画中的第 1 个并右击，❷选择 从上一项之后开始(A) 命令。

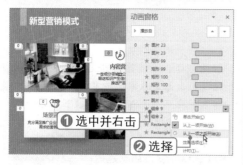

STEP 15　更改动画

❶在动画窗格中选中图标所应用的两个

淡出动画，❷在"动画"组中选择"缩放"动画，即可更改动画。

STEP 16　设置延迟时间

❶选中后两个淡出动画，❷在"计时"组中设置延迟时间为 0.5 秒。

STEP 17　双击动画

在幻灯片中为数字 01 应用飞入动画，在动画窗格中双击该动画。

STEP 18 设置动画计时选项 ///////

弹出"飞入"对话框，❶ 选择"计时"选项卡，❷ 设置开始时间为"单击时"，❸ 设置持续时间为 0.75 秒。

STEP 19 设置动画效果选项 ///////

❶ 选择"效果"选项卡，❷ 设置"平滑开始"和"弹跳结束"时间（两个时间之和应小于动画持续时间），❸ 单击 确定 按钮。

STEP 20 选择★ 更多进入效果(E)... 选项 //////

❶ 选中文本框，❷ 单击"动画样式"下拉按钮，❸ 选择★ 更多进入效果(E)... 选项。

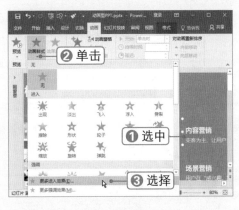

STEP 21 选择动画类型 ///////

❶ 选择"切入"动画，❷ 单击 确定 按钮。

STEP 22 设置效果选项 ///////

❶ 单击"效果选项"下拉按钮，❷ 选择"自左侧"选项。

STEP 23 使用动画刷复制动画 ///////

❶ 选中 01 文本框，❷ 单击 动画刷 按钮，复制该元素所应用的动画，❸ 在 02 文本框上单击应用相同的动画。

CHAPTER 07
CHAPTER 08
CHAPTER 09
CHAPTER 10
CHAPTER 11
CHAPTER 12

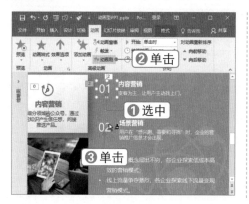

STEP 24　添加动画

采用同样的方法，为其他文本框添加动画。

商务办公　私房实操技巧

TIP：在组合中添加或删除对象

如果要在应用动画的组合中添加对象，需要在不取消组合的情况下进行操作，否则组合所应用的动画将全部消失。在应用动画的组合中添加对象的方法为：选中组合中的图形，然后按【Ctrl+D】组合键复制图形，对复制的图形进行所需的设置，如设置颜色、添加效果或更改形状等。

TIP：设置背景音乐自动播放

在 PPT 中添加背景音乐并设置自动播放后，在放映时若无法自动播放，多是因为播放动画位于其他动画的后面。打开动画窗格，将音乐播放动画调至最上方即可。

TIP：制作图片由模糊变清晰效果

利用退出动画可以快速地制作图片由模糊逐渐变清晰的效果，方法为：复制图片并应用"灰度"和"模糊"效果，使其变为黑白模糊的图片，然后将其覆盖到原图片上。为图片添加"淡出"退出动画，并设置 2 秒的持续时间即可，如右图所示。

CHAPTER 07

CHAPTER 08

CHAPTER 09

CHAPTER 10

CHAPTER 11

CHAPTER 12

TIP：一键隐藏动画效果

私房技巧　如果 PPT 中有很多复杂的动画，而在放映时又不需要这些动画，此时无须将动画一一删除，只需打开"设置放映方式"对话框，从中选中"放映时不加动画"复选框，然后单击"确定"按钮即可，如右图所示。

高手疑难解答

Ask Answer

问 如何制作图形绕其端点旋转的动画？

图解解答 利用"陀螺旋"强调动画可以制作图形旋转动画。要使图形绕其某个端点旋转，需要设置对称图形。下面以制作抽奖动画为例，方法如下：

1 利用图表制作抽奖动画的底盘，插入两个菱形使其对称。将两个图形进行组合，在组合中选中下方的菱形，如下图（左）所示。

2 设置下方的菱形无填充颜色、无轮廓，然后为组合图形应用"陀螺旋"强调动画，如下图（右）所示。

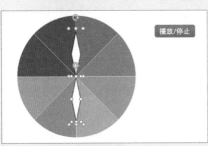

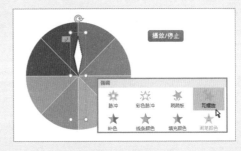

问 如何为动画添加触发器？

图解解答 使用触发器可以实现动画的交互功能。触发器可以是幻灯片上的某个元素，如图片、形状、按钮、一段文字或文本框等，单击它即可引发相

应的动画。下面为抽奖动画添加触发器，通过单击按钮开始播放抽奖动画，
方法如下：

1️⃣ 打开动画窗格，双击强调动画，如下图（左）所示。

2️⃣ 弹出"陀螺旋"对话框，在"声音"下拉列表框中选择动画声音，在"动
画播放后"下拉列表中选择任一颜色选项，如下图（右）所示。

3️⃣ 选择"计时"选项卡，在"重复"下拉列表框中选择"直到下一次单击"
选项，然后单击 触发器(T) 按钮，如下图（左）所示。

4️⃣ 展开触发器选项，选中"单击下列对象时启动效果"单选按钮，在右
侧下拉列表框中选择触发动画的对象，单击 确定 按钮即可，如下图（右）
所示。

高效制作教育培训型 PPT

本章导读

在教育培训工作中，使用课件的优劣直接会影响培训的质量，一个引人注目的 PPT 课件可以激发学员的学习兴趣，拉近培训师与学员的心理距离，增强培训成果。本章将通过新员工入职培训和知识管理培训两个实操案例，详细介绍教育培训型 PPT 的制作方法与技巧。

知识要点

01 教育培训型 PPT 的表达优化

02 实操案例：制作新员工入职培训 PPT

03 实操案例：制作职场知识管理培训 PPT

案例展示

▼ 能用图片表达的绝不用大段文字

▼ 要善于运用数据图来"说话"

▼ 制作入职培训 PPT

▼ 制作管理培训 PPT

Chapter 09
9.1 教育培训型 PPT 的表达优化

■关键词：运用热点案例、多用图片、内容图形化、运用数据图

要想在教育培训中让学员感到新奇、有趣和有所收获，并加强与学员的互动与交流，就要对教育培训型 PPT 进行表达优化，不要让学员感到枯燥乏味，甚至中途退场。下面将介绍几种教育培训型 PPT 的表达优化方法，以调动学员的学习兴趣，提升培训效果。

9.1.1 要善于运用热点案例佐证 PPT 演讲内容

很多硬道理往往会让人难以理解，通过热点案例进行佐证说明往往可以少费很多口舌。如下图所示，在视觉设计培训课程中就引用了《战狼2》的宣传海报，既调动了学员的兴趣，又有力地说明了视觉设计的重要性，可谓一举两得。

9.1.2 能用图片表达的绝不用大段文字

一张恰到好处的图片传递的信息往往比一段文字更丰富、更直观，更容易被观众所接受，如下图所示。但要注意的是，一定要保证放到 PPT 中的图片是清晰可辨的，要不然即使图片再有用，也无法弥补其模糊的事实。

9.1.3 要善于将 PPT 内容图形化

在制作教育培训型的 PPT 时，要善于将本来可能比较枯燥的培训内容通过

图形化的方式形象、有趣地表达出来，这样既可以调动学员观看 PPT 的兴趣，也可以生动、直观地展示要讲解的内容，如下图所示。

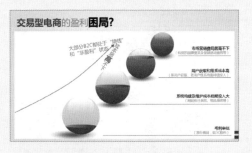

9.1.4 要善于运用数据图来"说话"

在教育培训中，数据图真的能"说话"，甚至会胜过培训师的千言万语。数据图就是图片与数据的完美结合，它更具象，更有说服力，因此在制作教育培训型 PPT 时要善于运用数据图。如右图所示，这张来自电商培训 PPT 的幻灯片能够很直观地让学员了解到各大电商平台所占的市场份额等信息。

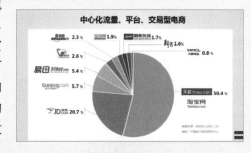

Chapter 09

9.2 实操案例：制作入职培训 PPT

■ **关键词**：设置图片背景、设置颜色透明度、设置母版、对齐文本、裁剪图片形状

入职培训，主要指企业对每一个初入公司的新员工介绍公司历史、基本工作流程、行为规范，以及组织结构、人员结构和处理同事关系等活动的总称，目的是为了使新员工快速地融入工作团队。下面将通过制作新员工入职培训 PPT，引领读者进一步学习封面页、目录页与内容页等的制作方法与技巧。

9.2.1 制作封面页

封面页作为 PPT 的第一张幻灯片，是带给观众的第一视觉体验，一个出色的封面能给观众留下深刻的印象，也会在一开场就能吸引住观众的注意力。PPT 的封面页需要考虑标题文本的位置和样式，使用图形或图片对封面加以修饰，使其美观、大方，引人注目。制作新员工入职培训封面页幻灯片的具体操作方法如下：

微课：制作封面页

CHAPTER 07

CHAPTER 08

CHAPTER 09

CHAPTER 10

CHAPTER 11

CHAPTER 12

STEP 1 插入背景图片

新建"新员工入职培训"演示文稿，创建"空白"版式幻灯片。插入素材图片作为背景，并将图片铺满幻灯片。

STEP 2 插入形状

插入矩形形状，❶单击"形状填充"下拉按钮🖌️·，❷选择 🖍 其他填充颜色(M)... 选项。

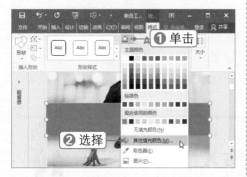

STEP 3 设置矩形颜色

弹出"颜色"对话框，❶选择"自定义"选项卡，❷设置颜色值和透明度，❸单击"确定"按钮。

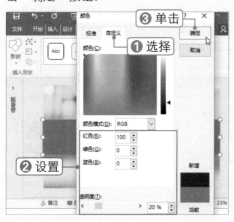

STEP 4 设置形状轮廓

❶单击"形状轮廓"下拉按钮🖉·，❷选择需要的颜色。

STEP 5 插入形状

插入"矩形"形状和"椭圆"形状，设置填充颜色为白色，无形状轮廓。设置形状的大小，并调整到合适的位置。

STEP 6 插入并设置文本

插入文本框并输入文本，设置文本字体、颜色和大小等，调整文本的位置，查看最终效果。

9.2.2 设置幻灯片母版

微课：设置
幻灯片母版

幻灯片母版用于储存有关演示文稿主题和幻灯片版式信息，包括背景颜色、字体、效果、占位符大小和位置等。母版即一次设置好幻灯片的样式，可应用于整个幻灯片，使 PPT 的风格统一、美观。下面将介绍如何在幻灯片母版中设计版式，具体操作方法如下：

STEP 1 插入版式

切换到"幻灯片母版"视图，单击"插入版式"按钮。

STEP 2 设置版式

删除新版式中的标题占位符，插入与幻灯片同样大小的矩形。打开"设置形状格式"窗格，❶选择"填充与线条"选项卡 ◇，❷选中 ⊙渐变填充(G) 单选按钮，❸设置渐变类型、方向和渐变光圈等。

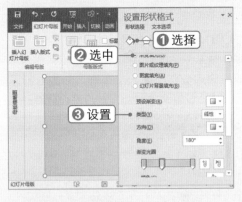

STEP 3 复制版式

将版式重命名为"基本版式"，❶右击版式，❷选择 复制版式(D) 命令。

STEP 4 制作修饰图形

此时即可复制所选版式，将版式重命名为"内容版式"。在版式中利用矩形和直线制作修饰图形。

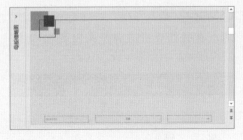

STEP 5 创建内容版式

复制上一版式，将其重命名为"目录和过渡页版式"。将制作的修饰图形复制到版式右下方，母版设置完毕后单击"关闭母版视图"按钮。

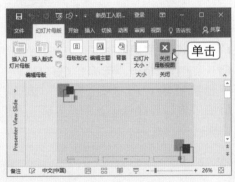

CHAPTER 07
CHAPTER 08
CHAPTER 09
CHAPTER 10
CHAPTER 11
CHAPTER 12

9.2.3 制作目录页

微课：制作目录页

目录页是整个 PPT 的内容大纲。下面将详细介绍如何制作新员工入职培训 PPT 的目录页，具体操作方法如下：

STEP 1　新建幻灯片

❶ 在"幻灯片"组中单击"新建幻灯片"下拉按钮，❷ 选择前面创建的"目录和过渡页版式"。

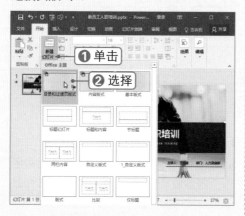

STEP 2　插入形状

插入直线和菱形，调整其位置和大小，使用取色器为菱形填充颜色。

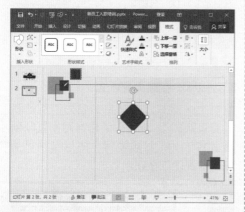

STEP 3　设置阴影

❶ 选择 格式 选项卡，❷ 单击"形状效果"下拉按钮 ，❸ 选择"阴影"选项，❹ 在"内部"区域中选择"内部：上"选项。

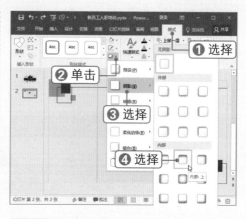

STEP 4　复制形状

将菱形复制一份，设置填充颜色为白色，添加"偏移：下"外部阴影效果，调整形状位置。

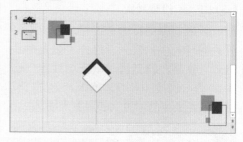

STEP 5　输入标题文本

复制多个形状作为目录标题图标，在图标中输入数字。插入文本框，并输入标题文本，设置文本对齐方式为"分散对齐"。

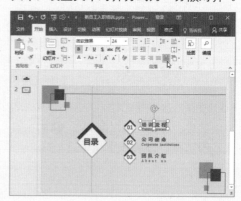

9.2.4 制作内容页

下面将介绍如何通过在幻灯片中插入图形、图片和文本框，并对其进行适当的编排制作出新员工入职培训 PPT 的内容页，具体操作方法如下：

▍STEP 1 编辑幻灯片 ////////////////

新建"目录和过渡页版式"幻灯片，插入形状和文本框，并添加文本。

▍STEP 2 插入与组合形状 ////////////

新建"内容版式"幻灯片，在幻灯片中插入多个"连接符：肘形"形状⅂，设置其颜色与位置，并组合形状，在起点和终点添加修饰图形。

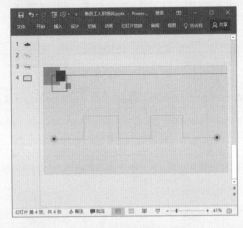

▍STEP 3 插入其他内容 ////////////

在幻灯片中插入其他素材内容和文本，并将它们调整到合适的位置。

▍STEP 4 创建"报到流程"幻灯片 ////

采用同样的方法，创建"报到流程"幻灯片。

▍STEP 5 插入六边形形状 ////////////

插入新幻灯片，插入多个六边形形状素材，并调整各个形状的大小和位置。

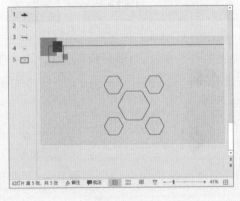

CHAPTER 07
CHAPTER 08
CHAPTER 09
CHAPTER 10
CHAPTER 11
CHAPTER 12

STEP 6　编辑幻灯片

插入幻灯片中的其他图片素材和文本框，
并添加文本。

STEP 7　插入图片

新建"新员工培训"幻灯片，插入三张
图片，并调整图片的大小和位置。

STEP 8　裁剪图片形状

❶选中图片，❷选择 格式 选项卡，❸单
击"裁剪"下拉按钮，❹选择 裁剪为形状(S)
选项，❺选择"椭圆"形状。

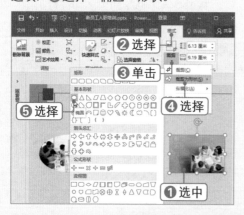

STEP 9　编辑幻灯片

插入矩形、三角形和文本框，并调整形
状和文本的位置。

STEP 10　插入背景图片

新建"内容版式"幻灯片，插入和幻灯
片同等大小的图片作为背景。

STEP 11　插入矩形

插入和图片大小相等的矩形，设置其颜
色值和透明度。

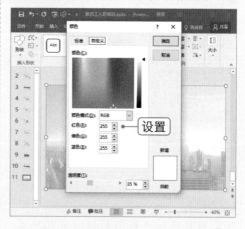

STEP 12　编辑幻灯片

在左上角插入和母版相同的修饰图形，
在下方插入矩形、素材图片和文本框，
并调整它们的位置。

CHAPTER 07

CHAPTER 08

CHAPTER 09

CHAPTER 10

CHAPTER 11

CHAPTER 12

STEP 13 插入形状和图片

新建幻灯片，插入椭圆形状，设置填充颜色和轮廓粗细，插入图片素材。

STEP 15 添加人物介绍

在幻灯片中添加人物介绍文本内容，并设置字体格式。

STEP 14 制作姓名标签

将图片和矩形进行组合，插入矩形，输入姓名，设置矩形渐变填充。采用同样的方法，制作其他图形。

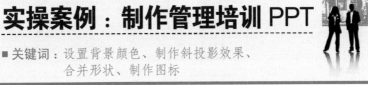

Chapter 09

9.3 实操案例：制作管理培训 PPT

■ 关键词：设置背景颜色、制作斜投影效果、
合并形状、制作图标

　　一个企业是否具有竞争力，关键要看在这个企业中的员工是否具有竞争力。是否具有较强的工作能力。专业培训是提升员工工作能力的重要途径，对于一个优秀的企业来说这种培训不仅仅是必需的，还是非常必要的。下面将介绍如何制作管理培训 PPT。

9.3.1 设置幻灯片主母版

　　幻灯片母版的第一页称作幻灯片主母版，在这一页中添加的内容会作为背景在下面的所有页面中出现。下面将详细介绍职场知识管理培训 PPT 主母版的设置方法，具体操作方法如下：

微课：设置
幻灯片主母版

STEP 1 单击"幻灯片母版"按钮

新建"职场知识管理培训"演示文稿，并切换到"幻灯片母版"视图，❶ 在左侧选择最上方的主母版，❷ 在"背景"组中单击 背景样式 下拉按钮，❸ 选择 设置背景格式(B)... 选项。

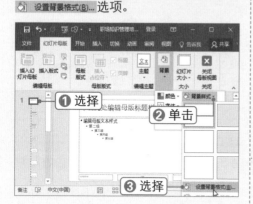

STEP 2 选择 其他颜色(M)... 选项

打开"设置背景格式"窗格，❶ 选中"纯色填充"单选按钮，❷ 单击"颜色填充"下拉按钮，❸ 选择 其他颜色(M)... 选项。

STEP 3 设置颜色值

弹出"颜色"对话框，❶ 设置颜色值，❷ 单击"确定"按钮。

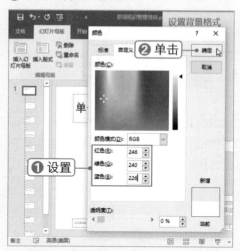

STEP 4 关闭母版视图

此时主母版中添加的内容会作为背景在下面的所有页面中出现，单击"关闭母版视图"按钮。

9.3.2 制作纯色背景封面和目录页

在制作封面页时，除了用图片作为背景外，也可直接设置背景颜色。纯色填充的背景容易打造简约的风格，而且制作简单，可以节省时间和精力，提高工作效率。在目录页中，可以通过插入简单的形状来营造设计感。下面将介绍如何制作纯色背景封面和目录页，具体操作方法如下：

微课：制作纯色背景封面和目录页

▌ STEP 1　新建幻灯片

创建空白版式幻灯片，❶ 选择 设计 选项卡，❷ 在"自定义"组中单击"设置背景格式"按钮。

▌ STEP 2　设置填充颜色

弹出"设置背景格式"对话框，设置纯色填充，❶ 在"颜色"对话框中设置颜色值，❷ 单击 确定 按钮。

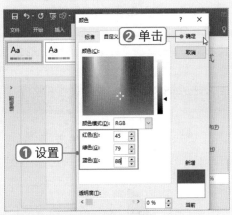

▌ STEP 3　编辑幻灯片

插入素材图片、形状和文本框，将它们调整到合适的位置，并输入文本。

▌ STEP 4　创建目录页

新建幻灯片，插入文本框并输入"目录"，设置字体格式，插入多条直线形状修饰页面。

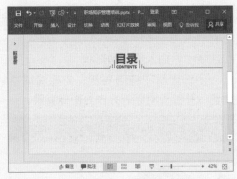

▌ STEP 5　插入矩形

插入多个矩形形状，设置它们的颜色和大小，并置于上下两侧作为边框使用。

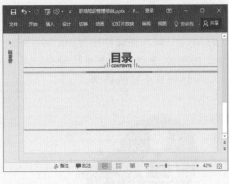

▌ STEP 6　编辑幻灯片

在边框中间插入矩形、椭圆和文本框，设置颜色和大小，调整位置并设置对齐格式。

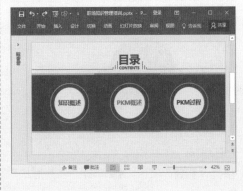

CHAPTER 07
CHAPTER 08
CHAPTER 09
CHAPTER 10
CHAPTER 11
CHAPTER 12

9.3.3 制作斜投影效果幻灯片

微课：制作斜投影
效果幻灯片

在 PPT 制作中，斜投影设计非常流行，可以制作出极简并且吸引人的页面效果。在图标上添加斜投影效果会更有深度，也会更加夺人眼球。下面将介绍如何制作斜投影效果幻灯片，具体操作方法如下：

STEP 1　插入图标和形状

插入图标素材和椭圆形状，为椭圆填充颜色，并置于图标下方作为图标背景。

STEP 2　插入并旋转矩形

插入矩形形状，设置更深的颜色，并向右下方旋转至合适的角度。

STEP 3　复制椭圆

复制一个椭圆，依次选中矩形和椭圆。

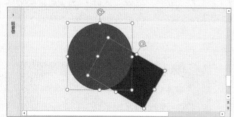

STEP 4　形状相交

❶选择 格式 选项卡，❷单击"合并形状"下拉按钮，❸选择"相交"选项。

STEP 5　插入任意多边形形状

❶选择 插入 选项卡，❷单击"形状"下拉按钮，❸选择"任意多边形：形状"选项。

STEP 6　绘制任意多边形

依照人物图标轮廓绘制任意多边形，并依次选中矩形和任意多边形形状。

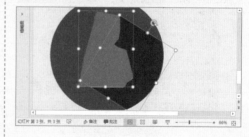

CHAPTER 07
CHAPTER 08
CHAPTER 09
CHAPTER 10
CHAPTER 11
CHAPTER 12

STEP 7 剪除形状

❶ 单击"合并形状"下拉按钮 ⊙ ，❷ 选择"剪除"选项。

STEP 8 制作斜投影效果

采用同样的方法，为另一个图标制作斜投影效果。插入形状、图片和文本框，然后添加对应的文本，完成这张幻灯片制作。

9.3.4 自制图标幻灯片

在制作幻灯片时，添加合适的小图标会使幻灯片更加生动、美观。虽然网上有很多矢量图标可以直接下载使用，但找图标的过程也会耗费很多时间。除了从网上下载图标素材外，还可通过自制图标来修饰幻灯片。下面将介绍如何自制图标幻灯片，具体操作方法如下：

微课：自制图标
幻灯片

STEP 1 插入形状

插入"圆：空心"形状 ◎ 和椭圆，设置其大小、无填充颜色和轮廓大小。

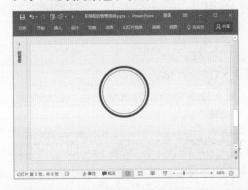

STEP 2 插入矩形

插入矩形形状，❶ 选择 格式 选项卡，❷ 单击"编辑形状"下拉按钮 ⊠ ，❸ 选择 ⊠ 编辑顶点(E) 选项。

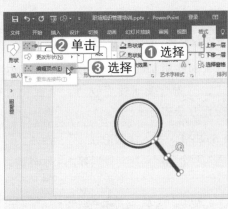

STEP 3 调整矩形

此时矩形顶点变为黑色，用鼠标拖动顶点，调整矩形形状。

┃ STEP 4　插入矩形

再插入一个矩形形状，采用相同的方法
调整矩形形状。

┃ STEP 5　组合形状

将矩形调整到合适的位置，全选形状组
合成一个放大镜图标。

┃ STEP 6　插入形状

将图标移动到右下角，然后插入双括号
形状〔〕。

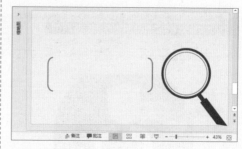

┃ STEP 7　编辑幻灯片

插入形状和文本框，输入并设置幻灯片
文本内容。

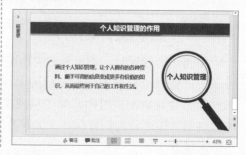

9.3.5　制作封底页

　　封底页用于提醒观众 PPT 演示结束，其内容一般为联系方
式、感谢语或问题启发等。下面将介绍如何制作封底页，具体
操作方法如下：

微课：制作
封底页

┃ STEP 1　插入椭圆形状

插入两个椭圆形状，设置其大小和轮廓。

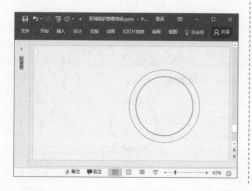

┃ STEP 2　插入矩形

插入矩形形状，设置填充色，遮挡住部
分椭圆。

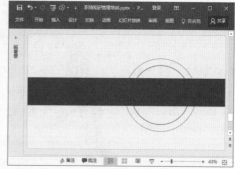

STEP 3 插入平行四边形

插入平行四边形形状，设置颜色为背景色，将其置于矩形之上，高度与矩形相当。

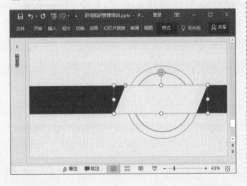

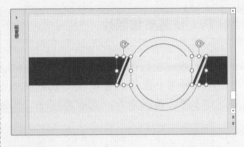

STEP 5 输入文本

插入文本框，输入文本并设置字体格式。

STEP 4 插入形状

插入两个平行四边形，设置其颜色为矩形的颜色，并调整其大小和位置。

商务办公　私房实操技巧

TIP：将横排文本框转换为竖排文本框

选中文本框,在"开始"选项卡下"段落"组中单击"文字方向"下拉按钮，选择"竖排"选项，即可将横排文本框转换为竖排文本框。

TIP：设置文本与图片对齐

设置文本框与图片对齐后，文本无法与图片对齐是由于文本框的边距大小造成的。解决方法为:选中文本框，打开"设置形状格式"窗格，选择"大小与属性"选项卡，从中将文本框的"边距"设置为 0 即可。

TIP：绘制不规则图形

PowerPoint 附带的形状工具都是具有一定规则的图形，若要绘制不规则图形，可以使用"任意多边形"和"曲线"形状进行绘制。这两个形状属于线条工具，在绘制时通过单击即可创建形状顶点，最后与原点闭合，即可生成完整的不规则形状。

TIP：**快速美化照片**

 平时拍摄的照片在 PPT 中直接使用时可能不够理想，对于不懂 Photoshop 的用户来说，可以使用几款傻瓜式的修图软件对图片进行修图，如泼辣修图、美图秀秀、光影魔术手、黄油相机、Fotor 和 Photofunia 等。

Ask Answer 高手疑难解答

问 **在 PPT 中无法调整文本框的高度，怎么办？**

图解解答 默认情况下文本框的高度会随文字自动调整，若要手动调整文本框的高度，可以进行以下操作：

1️⃣ 选中文本框，打开"设置形状格式"窗格，选择"大小与属性"选项卡，选中"不自动调整"单选按钮，如下图（左）所示。

2️⃣ 此时即可调整文本框的大小。在"开始"选项卡下"段落"组中单击"对齐文本"下拉按钮，在弹出的下拉列表中可选择文本框对齐方式，如下图（右）所示。

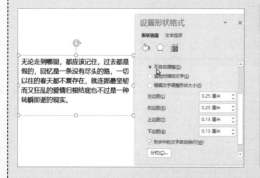
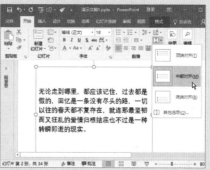

问 **怎样使多张图片的色调保持一致？**

图解解答 在幻灯片中插入多张图片，若有的图片是冷色调，有的图片是暖色调，会使整个幻灯片显得很混乱。在 PPT 中没有很好的办法解决这个问题，这时可以借助 Photoshop 的"匹配颜色"功能快速让多张图片保持色调一致，方法如下：

1️⃣ 使用 Photoshop 打开要匹配颜色的多张图片，如下图（左）所示。

2️⃣ 单击"图像"|"调整"|"匹配颜色"命令，如下图（右）所示。

③ 弹出"匹配颜色"对话框，在"源"下拉列表框中选择要匹配颜色的目标图片，单击 确定 按钮，如下图（左）所示。

④ 匹配颜色后查看图片显示效果，与目标图片色调保持一致，如下图（右）所示。

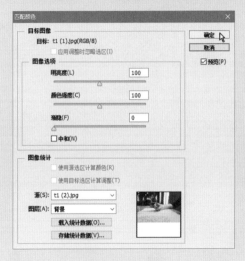 

CHAPTER 07

CHAPTER 08

CHAPTER 09

CHAPTER 10

CHAPTER 11

CHAPTER 12

高效制作宣传推广型 PPT

本章导读

通过 PPT 进行企业宣传推广，能够有效地把企业形象提升到一个新的层次，更好地把企业的产品和服务展示给大众，诠释企业的文化理念等，所以 PPT 已经成为企业必不可少的形象宣传工具之一。本章将通过企业宣传 PPT 和商业计划书 PPT 两个案例，详细介绍宣传推广型 PPT 的制作方法与技巧。

知识要点

01 宣传推广型 PPT 的表达优化
02 实操案例：制作企业宣传 PPT

03 实操案例：制作商业计划书 PPT

案例展示

▼ 确定整体色调，筛选可用图片

▼ 行业数据支持与历史数据对比

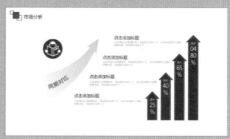

▼ 企业宣传 PPT

▼ 商业计划书 PPT

Chapter 10

10.1 宣传推广型 PPT 的表达优化

■ 关键词：确定色调、筛选图片、文案和配图、
历史数据对比、动画切换

宣传推广型 PPT 事关企业或组织形象，在商务活动中的重要性不言而喻，所以对设计、创意、动画和文案等的要求都很高。下面将介绍几种宣传推广型 PPT 的表达优化方法。

10.1.1 确定整体色调设计风格，筛选可用图片

在设计制作宣传推广型 PPT 时，首先要根据宣传推广的受众对象确定 PPT 的整体色调风格，并筛选出具有一致风格的可用的精美图片。例如，如果设计的是家装企业宣传推广 PPT，就一定要选用让客户看起来高大上的色调与图片，以满足客户的心理追求；如果设计的是儿童教育机构招生宣传 PPT，那么色调和图片就要看起来可爱、有趣，如下图所示。

10.1.2 生动、形象的文案与图片展示至关重要

在宣传推广型 PPT 的设计制作中，文案与图片发挥着至关重要的作用。生动、形象的文案与图片能在第一时间给客户以震撼力，给其留下难以磨灭的印象，影响其消费决策等，因此这是能否成功实现宣传推广目标的关键点。下图（左）所示为某男士内衣品牌的宣传推广 PPT 中的一张幻灯片，下图（右）所示为宣传专业音效处理器 PPT，其中使用一张水滴涟漪的图片作为配图。

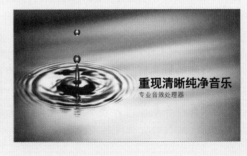

CHAPTER 07
CHAPTER 08
CHAPTER 09
CHAPTER 10
CHAPTER 11
CHAPTER 12

10.1.3　利用有力的行业数据与历史数据相对比

在宣传推广型 PPT 中，利用有力的行业数据与历史数据相对比，能够大大提升 PPT 的说服力，也能为客户决策提供有力的心理支持，如下图所示。但一定要切记，不能在 PPT 中展示负面或非权威的不实数据，否则会适得其反，千万不要低估了客户的辨别能力。

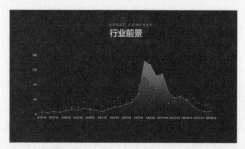 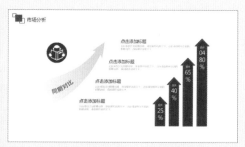

10.1.4　善用动画切换效果，让 PPT 动感十足

现在人们对 PPT 等设计作品的审美也在逐步提高，既没内容又不美观的 PPT 肯定会让观众感觉索然无味。因此，在设计宣传推广型 PPT 时，我们要善于运用画面的动画切换效果，让 PPT 画面动起来、炫起来，以调动观众的欣赏情趣，从而增强利用 PPT 进行宣传推广的效果，如下图所示。

Chapter 10

10.2　实操案例：制作企业宣传PPT

■关键词：设置图片背景、设置图片填充、制作流程图、插入表格、设置文本框边距

高效的企业宣传对内可以提升凝聚力，对外可以树立良好的企业形象，不断提高在市场上的竞争能力。企业宣传 PPT 一般应包括企业简介、企业荣誉、企业发展状况及客户关系等部分，版面应设计精美、简约、大方。下面将详细介绍如何制作出美观、大气的企业宣传 PPT。

10.2.1 制作封面页

微课：制作
封面页

对于企业宣传 PPT 来说，其封面不仅是一张幻灯片，更是公司形象的一部分，因此将 PPT 封面页设计好至关重要。下面将介绍如何制作企业宣传 PPT 封面页，具体操作方法如下：

STEP 1 单击 文件 按钮

创建"企业宣传"演示文稿，打开"设置背景格式"窗格，❶选中"图片或纹理填充"单选按钮，❷单击 文件 按钮。

STEP 2 插入图片

弹出"插入图片"对话框，❶选择要插入的图片，❷单击 插入(S) 按钮。

STEP 3 设置形状填充

此时可将图片填充为背景，插入对角圆角矩形形状□，❶在"颜色"对话框中设置形状填充颜色，❷设置"透明度"为 30%，❸单击 确定 按钮。

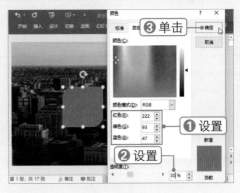

STEP 4 调整形状弧度

拖动形状左上方的黄色控制柄，即可调整弧度。

STEP 5 插入形状

将形状置于右上角，在对角插入相同的形状并调整其弧度，其余两角插入矩形。

CHAPTER 07

CHAPTER 08

CHAPTER 09

CHAPTER 10

CHAPTER 11

CHAPTER 12

STEP 6 添加形状和文本

添加形状和文本，其中英文文本设置分散对齐方式，即可完成封面页制作。

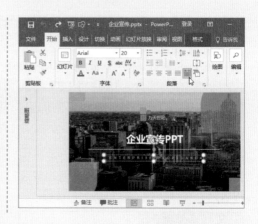

秒杀技巧 　　设置留白

　　留白是平面设计中的重要方式，在 PPT 中一般需要在 Logo、导航或图标、不同的元素之间等位置设置留白。

10.2.2 制作目录页和节标题页

下面将介绍如何制作企业宣传 PPT 目录页和节标题页，具体操作方法如下：

微课：制作目录页和节标题页

STEP 1 新建目录页

新建空白版式幻灯片，插入多个对角圆角矩形形状□，并调整其位置和大小。

STEP 2 设置图片填充

选中图片，打开"设置图片格式"窗格，❶ 选中"图片或纹理填充"单选按钮，❷ 单击 文件E... 按钮。

STEP 3 插入图片

弹出"插入图片"对话框，❶ 选择要插入的图片，❷ 单击 插入(S) 按钮。

STEP 4 查看填充效果

此时图片即可作为形状背景填充，调整形状的大小和位置。

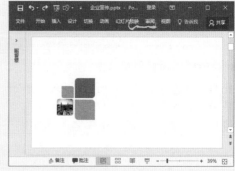

▌STEP 5 编辑幻灯片

添加形状和文本，编辑幻灯片中的其他内容，完成目录页制作。

▌STEP 6 插入图片和形状

新建空白页，插入图片作为背景。插入多个对角圆角矩形形状，并调整其大小和位置。

▌STEP 7 插入直线

插入两条直线，设置其颜色和粗细，并将其调整到合适的位置。

▌STEP 8 插入文本框

插入文本框并输入文本，将文本框复制一份，调整文本大小。

▌STEP 9 设置透明度

选中文本框,打开"设置形状格式"窗格,❶选择"文本选项"选项卡,❷选择"文本填充与轮廓"选项卡▲, ❸设置"透明度"为70%。

实操解疑 ❓

保持 PPT 整体统一性

　　为了保持 PPT 的整体统一性，某一视觉要素可以在 PPT 中多次出现，如 Logo、装饰性图形等，在本例中企业 Logo 多次出现在各幻灯片中。

10.2.3 制作内容页

　　内容页是对企业情况的具体细化，内容相对较多，下面将介绍如何制作企业宣传 PPT 的重点内容页。

微课：制作内容页

CHAPTER 07
CHAPTER 08
CHAPTER 09
CHAPTER 10
CHAPTER 11
CHAPTER 12

1. 制作"发展历程"和"投资关系"幻灯片

下面将制作"发展历程"和"投资关系"幻灯片，具体操作方法如下：

▌STEP 1 插入形状

新建空白版式幻灯片，插入直线和泪滴形形状○，并填充相同的颜色。

▌STEP 2 复制形状

复制泪滴形形状，按住【Shift】键拖动成比例放大形状，设置无填充色和形状轮廓，组合形状并复制三份。

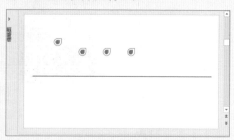

▌STEP 3 调整形状位置

将四个形状调整到直线上，设置与直线垂直居中并横向分布。

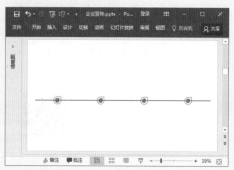

▌STEP 4 插入箭头形状

插入箭头形状，打开"设置形状格式"窗格，❶单击"箭头前端类型"下拉按钮，❷选择"圆形箭头"格式●—。

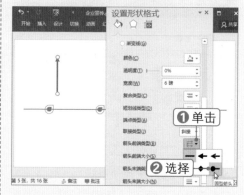

▌STEP 5 设置箭头宽度

设置箭头"宽度"为 0.5 磅。

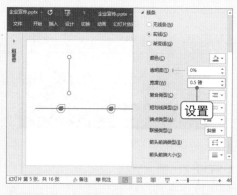

▌STEP 6 复制箭头

更改箭头颜色，并复制多个箭头，调整它们的位置。

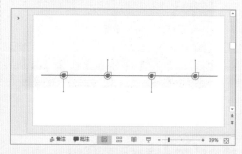

▌STEP 7 插入页面标题与年份

插入图片素材和页面标题，在节点处插入圆角矩形和年份。

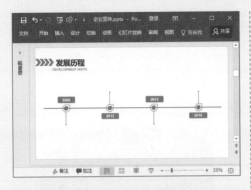

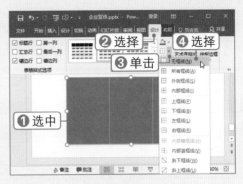

STEP 8　添加其他文本内容

添加幻灯片其他文本内容，即可完成本张幻灯片的制作。

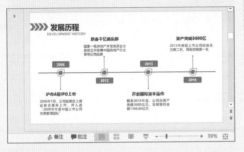

STEP 9　插入表格

新建幻灯片，插入幻灯片标题，❶选择插入选项卡，❷单击"表格"下拉按钮，❸拖动鼠标，选择绘制表格区域。

STEP 10　设置表格边框

适当调整表格大小，❶选中表格，❷选择设计选项卡，❸在"表格样式"组中单击"边框"下拉按钮 ，❹选择"无框线"选项。

STEP 11　拆分单元格

将鼠标指针定位到表格第三列，❶选择布局选项卡，❷在"合并"组中单击"拆分单元格"按钮。

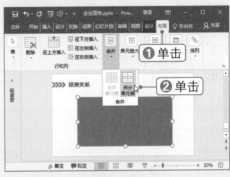

STEP 12　设置行列数

弹出"拆分单元格"对话框，❶设置行列数，❷单击 确定 按钮。

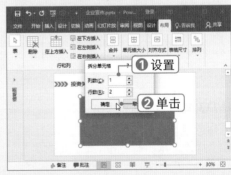

STEP 13　复制表格

选中拆分后的表格，按【Ctrl+C】组合键进行复制，并删除表格。❶选择开始选项卡，❷单击"粘贴"下拉按钮，❸选择"选择性粘贴"选项。

CHAPTER 07
CHAPTER 08
CHAPTER 09
CHAPTER 10
CHAPTER 11
CHAPTER 12

STEP 14　设置粘贴格式

弹出"选择性粘贴"对话框，❶选择"图片（增强型图元文件）"选项，❷单击 确定 按钮。

STEP 15　取消组合

选中粘贴后的图片并右击，选择"组合"|"取消组合"命令，弹出警告信息框，单击 是(Y) 按钮。

STEP 16　调整形状大小

采用同样的方法，再次对图形进行取消组合操作，依次调整各个形状的大小。

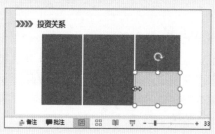

STEP 17　添加其他元素

将形状设置为颜色或图片填充，插入文本框并添加其他文本内容，即可完成此张幻灯片制作。

2.　制作"企业文化"和"综合业态发展"幻灯片

下面将详细介绍如何制作"企业文化"和"综合业态发展"幻灯片，具体操作方法如下：

STEP 1　插入形状

新建空白版式幻灯片，在下方插入矩形和泪滴形形状○。调整泪滴形形状，并设置图片填充。

STEP 2　插入弦形形状

插入弦形形状○，调整其大小和方向，设置颜色轮廓颜色与下方矩形颜色相同。

STEP 3　添加幻灯片其他内容

调整弦形形状位置，添加幻灯片其他内容。

STEP 4　插入并调整形状

新建空白幻灯片，插入图形，再插入文本框，并输入文本。插入右大括号形状 }，调整形状宽度，拖动上方黄色控制柄调整形状弧度。

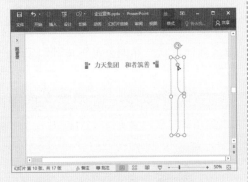

STEP 5　设置虚线类型

将图形向左旋转 90°，设置线条颜色。❶ 单击"形状轮廓"下拉按钮 ，❷ 选择"虚线"选项，❸ 选择虚线类型。

STEP 6　插入形状

插入对角圆角矩形，设置其大小和颜色。

STEP 7　设置文字方向

选中形状，❶ 选择 开始 选项卡，❷ 单击"文字方向"下拉按钮 ，❸ 选择"竖排"选项。

STEP 8　设置文本对齐方式

输入文本，并设置文本对齐格式为"分散对齐" 。

STEP 9　设置边距

打开"设置形状格式"窗格，❶ 选择"形状选项"选项卡，❷ 选择"大小与属性"选项卡 ，❸ 在"文本框"区域中设置上下边距。

CHAPTER 07
CHAPTER 08
CHAPTER 09
CHAPTER 10
CHAPTER 11
CHAPTER 12

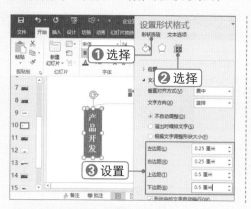

微课：制作封底页

STEP 10 插入其他图形

采用同样的方法制作其他图形，并输入所需的文本。

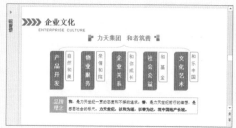

10.2.4 制作封底页

下面将详细介绍如何制作企业宣传 PPT 的封底页，具体操作方法如下：

STEP 1 插入并组合形状

插入空白幻灯片，插入多个对角圆角矩形，调整其大小和位置，并组合形状。

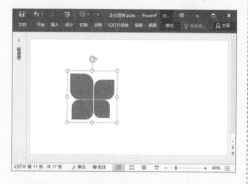

STEP 3 插入形状

插入其他形状，并调整上下排列顺序和位置。

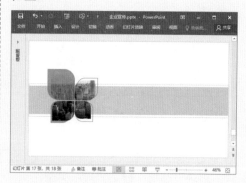

STEP 2 设置图片填充

将组合的形状设置图片填充。

STEP 4 插入文本框

插入文本框，并输入 THANK YOU。复制文本框，并设置不同的颜色。移动文本框位置，形成文字阴影效果。

Chapter 10

10.3 实操案例：制作商业计划书PPT

■关键词：设置图片背景、设置文本渐变、设置母版
版式、编辑图表、合并形状、编辑表格

一般商业计划书 PPT 都是以投资人或相关利益载体为目标受众，说服他们进行投资或合作。在制作商业计划书 PPT 时，要保证整个演示文稿的配色统一，并使用图形适当地修饰幻灯片，使其看起来简洁、大气，还可利用图表展示相关数据。

10.3.1 制作封面页和目录页

下面将介绍如何制作商业计划书 PPT 的封面页和目录页，具体操作方法如下：

微课：制作封面页和目录页

STEP 1 插入背景图片

创建商业计划书 PPT，新建空白版式幻灯片，插入图片作为背景。

STEP 2 插入形状

插入圆角矩形形状，并设置形状弧度。打开"颜色"对话框，设置颜色值和透明度。

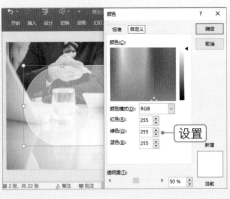

STEP 3 添加文本

插入矩形和文本框，输入文本，并设置文本格式。

STEP 4 新建目录页

新建空白页，设置背景，插入矩形和文本框，并输入文本。打开"设置形状格式"窗格，设置文本渐变颜色。

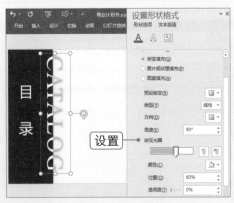

CHAPTER 07

CHAPTER 08

CHAPTER 09

CHAPTER 10

CHAPTER 11

CHAPTER 12

STEP 5　制作标题目录

插入圆角矩形，在形状中输入文本。

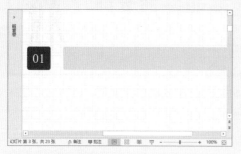

STEP 6　插入形状

插入四个椭圆，并调整其大小和位置。

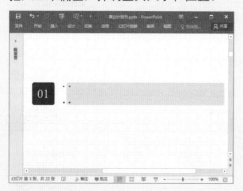

STEP 7　合并形状

插入圆角矩形，将椭圆两两链接，调整其他形状位置，并合并形状。

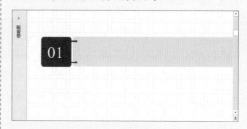

STEP 8　添加目录标题

复制多个形状，插入文本框，并输入标题，即可完成目录页制作。

10.3.2　设置母版和制作节标题页

　　下面将介绍如何设置商业计划书母版和应用母版制作节标题页，具体操作方法如下：

微课：设置母版和制作节标题页

STEP 1　插入形状

切换到幻灯片母版版式，删除标题占位符，设置背景，插入三角形形状，并调整其位置和大小。

STEP 2　设置阴影

选择 格式 选项卡，❶单击"形状效果"下拉按钮 ，❷选择"阴影"选项，❸在"外部"区域中选择"左下斜偏移"选项。

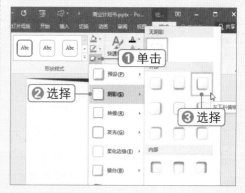

CHAPTER 07

CHAPTER 08

CHAPTER 09

CHAPTER 10

CHAPTER 11

CHAPTER 12

STEP 3　复制形状

复制三角形形状，设置水平翻转和垂直翻转，调整形状位置并更改颜色，设置阴影格式为"向上偏移"。

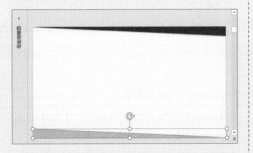

STEP 4　新建幻灯片

返回普通视图，选择设置好的母版版式，新建幻灯片。

STEP 5　制作节标题页

在幻灯片中插入图片、菱形和直线，并调整它们的位置和高度。

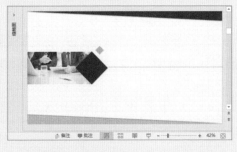

STEP 6　添加文本

插入文本框，添加文本，即可完成此张幻灯片制作。采用同样的方法，制作其他幻灯片。

10.3.3　制作内容页

微课：制作
内容页

　　下面将介绍如何制作商业计划书 PPT 的内容页，在制作时始终使用"金""白""黑"三个主色调。下面以制作重点页面为例进行介绍。

1. 制作"市场规模"幻灯片

　　使用图表可以图形的方式生动地展示数据。在幻灯片中可以直接插入图表，并对图表进行美化。在"市场规模"幻灯片的制作过程中就用到了图表，具体操作方法如下：

STEP 1　单击 图表 按钮

新建母版版式幻灯片，❶选择 插入 选项卡，❷在"插图"组中单击 图表 按钮。

STEP 2 选择图表类型

弹出"插入图表"对话框，❶ 选择图表类型，❷ 单击 确定 按钮。

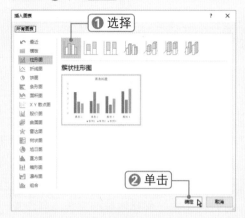

STEP 3 调整数据区域

打开"Microsoft PowerPoint 中的图表"窗口，拖动右下角的蓝色边框线，调整图表数据区域。

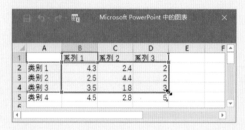

STEP 4 编辑数据

在单元格中编辑数据，单击"在 Microsoft Excel 中编辑数据"按钮 📈。

STEP 5 设置数字格式

启动 Excel 程序编辑数据，根据需要将数字格式设置为百分比格式。

STEP 6 插入图表

数据编辑完成后，即可在幻灯片中查看插入的图表。

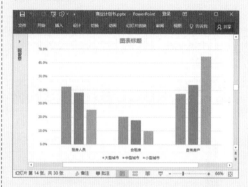

STEP 7 应用布局样式

选中图表，❶ 在 设计 选项卡下单击 📊 快速布局 ▾ 下拉按钮，❷ 选择布局样式。

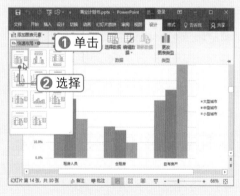

STEP 8 设置图表填充颜色

删除图表标题，双击图表，打开"设置图表区格式"窗格。❶ 选择"填充与线条"选项卡 🖊，❷ 选中 ◉ 纯色填充(S) 单选按钮，❸ 单击"颜色"下拉按钮，❹ 选择需要的颜色。

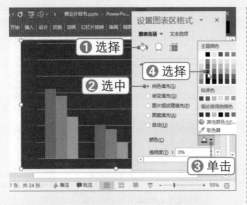

STEP 9　调整图表元素大小和位置

选中图表，在"字体"组中设置字体格式为"微软雅黑"、白色。选中图表中的各元素，分别设置其字号。调整绘图区的大小和位置，调整图例的位置。

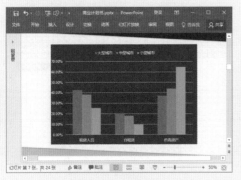

STEP 10　设置坐标轴单位

❶双击纵坐标轴，打开"设置坐标轴格式"窗格，❷选择"坐标轴选项"选项卡，❸在"坐标轴选项"区域中设置单位大小。

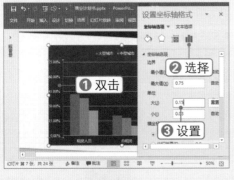

STEP 11　设置数字格式

在"数字"区域中设置"小数位数"为 0。

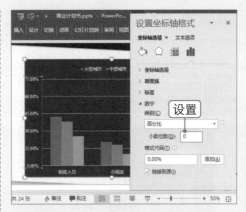

STEP 12　设置刻度线

❶选中横坐标轴，❷选择"坐标轴选项"选项卡，❸在"刻度线"区域中的"主刻度线类型"下拉列表中选择"外部"。

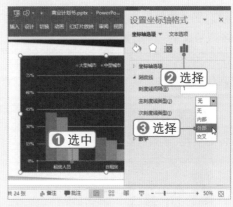

STEP 13　设置系列选项

❶选中任一系列，❷选择"系列选项"选项卡，❸在"系列选项"区域中设置"系列重叠"和"间隙宽度"。

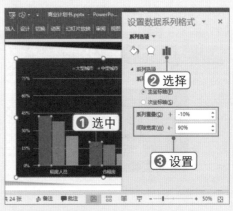

STEP 14　设置形状填充颜色

❶选中"大型城市"系列，❷选择"填充与线条"选项卡，❸设置填充颜色。

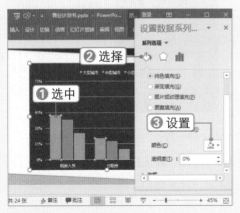

STEP 15　添加阴影效果

❶选择"效果"选项卡，❷在"阴影"区域中设置"向右偏移"外部阴影样式。

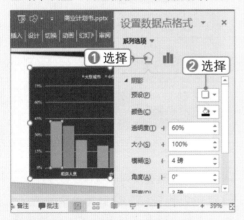

STEP 16　设置其他系列格式

采用同样的方法，设置其他系列格式，即可完成图表制作。

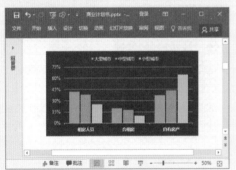

STEP 17　插入形状

插入"矩形：剪去单角"形状，设置形状置于图表下方，并水平翻转形状。

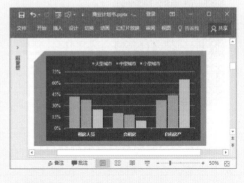

STEP 18　添加其他内容

设置形状颜色与图表背景色相同，添加幻灯片其他内容，即可完成此张幻灯片制作。

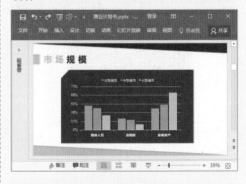

2．制作"盈利模式"幻灯片

在这张幻灯片中，通过使用简单形状相交并拆分的方式可以制作出其他形状，用于美化幻灯片，具体操作方法如下：

STEP 1　绘制圆形

新建幻灯片，创建三个相同的圆形形状，调整它们的位置，使其相交。

STEP 2　拆分形状

选中三个圆形形状，❶选择 格式 选项卡，❷单击"合并形状"下拉按钮 ◎ ，❸选择 ◎ 拆分(F) 选项。

STEP 3　删除多余形状

此时圆形形状被拆分为多个部分，删除多余的形状。

STEP 4　设置图形样式

将剩下的形状填充为不同的颜色，设置白色形状轮廓，并添加阴影，然后添加其他所需的内容。

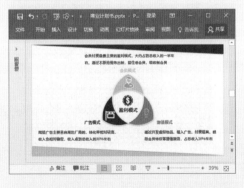

3. 制作"费用预算"幻灯片

"费用预算"幻灯片为数据型幻灯片，

在此幻灯片中用到了表格。下面将介绍如何在幻灯片中插入表格并对其进行美化，具体操作方法如下：

STEP 1　选择"插入表格"选项

新建空白版式幻灯片，插入幻灯片大小的矩形，并填充颜色作为背景。❶选择 插入 选项卡，❷单击"表格"下拉按钮，❸选择 插入表格(I)... 选项。

STEP 2　设置表格选项

弹出"插入表格"对话框，❶设置列数和行数，❷单击 确定 按钮。

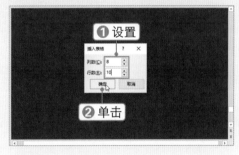

STEP 3　调整表格大小

此时即可在幻灯片中插入表格，根据需要调整表格的大小。

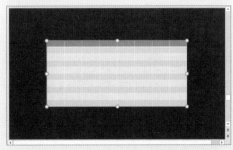

CHAPTER 07

CHAPTER 08

CHAPTER 09

CHAPTER 10

CHAPTER 11

CHAPTER 12

STEP 4 应用表格样式

❶选择 设计 选项卡，❷单击"表格格式"组中的"其他"按钮，在弹出的列表中选择所需的样式。

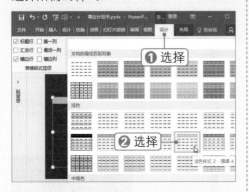

STEP 5 复制数据

打开素材文件"资料.docx"，选中表格中的所有数据，按【Ctrl+C】组合键进行复制。

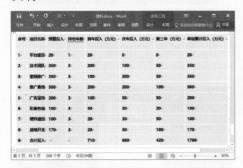

STEP 6 选择粘贴选项

切换到 PowerPoint 程序窗口，将光标定位到表格的第一个单元格中，❶单击"粘贴"下拉按钮，❷选择"只保留文本"选项。

STEP 7 调整表格

此时即可粘贴复制的表格数据，根据需要设置文本的字体格式，并调整列宽。

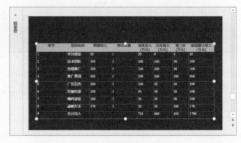

STEP 8 设置垂直居中对齐

❶选择 布局 选项卡，❷单击"对齐方式"下拉按钮，❸选择"垂直居中"选项，然后采用同样的方法设置文本居中对齐。

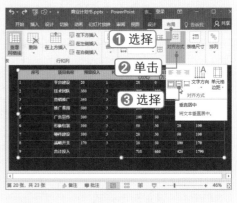

STEP 9 输入标题

插入文本框，输入表格标题，即可完成此张幻灯片的制作。

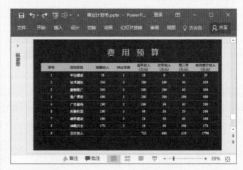

CHAPTER 07

CHAPTER 08

CHAPTER 09

CHAPTER 10

CHAPTER 11

CHAPTER 12

商务办公 **私房实操技巧**

TIP_ ▮▮▮▮▮▮▮▮▮▮▮▮▮▮▮▮▮▮

私房技巧 对于幻灯片中的大段文本，如果文本段落的长度过大，会导致观众看起来比较费力。为了提升观看体验，需要对文本段落的长度进行缩小，一般为版面长度的 1/3 即可，最大不要超过版面的一半。

TIP_ ▮▮▮▮▮▮▮▮▮▮▮▮▮▮▮

私房技巧 选中 Logo 图片，打开"设置图片格式"窗格，选择"图片"选项卡，在"图片校正"区域中将"亮度"设置为 100% 即可，如下图所示。

TIP_ ▮▮▮▮▮▮▮▮▮▮▮

私房技巧 在设计幻灯片版面时，可以使用线条将版面进行等分分割、三分分割、黄金分割和曲线分割等，这样会更加美观，如下图所示。

TIP：使用墨迹书写在幻灯片上标记

私房
技巧　选择"审阅"选项卡，单击"开始墨迹书写"按钮，如下图（左）所示。在功能区会显示"笔"选项卡，从中设置笔样式、颜色、粗细等选项，然后在幻灯片中拖动鼠标进行绘制即可。单击"将墨迹转换为形状"按钮，可保留墨迹，如下图（右）所示。

 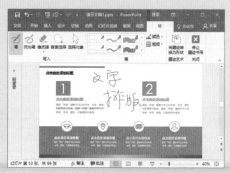

Ask Answer　高手疑难解答

问　**如何快速制作特殊的圆环图形？**

图解解答　利用"转换"文本效果可以制作不同样式的圆环图形，方法如下：

1️⃣　在幻灯片中插入文本框，并输入要构成圆环的符号">"。在"格式"选项卡下单击"文本效果"下拉按钮，选择"圆"转换效果，如下图（左）所示。

2️⃣　在"大小"组中设置圆环的高度和宽度，并在圆环中放置图片，如下图（右）所示。同样，可以根据需要制作不同符号的圆环图形。由于这样的图形是可以编辑的，因此可以在符号中添加其他符号，设置字号大小和字体颜色等，以生成更多样式的图形。

问 如何对幻灯片进行分组？

图解解答 在 PowerPoint 2016 中可以通过创建节将整个 PPT 分为多个部分，例如，将 PPT 中不同的主题内容划分到各节中，可以很好地组织和管理幻灯片，方法如下：

1️⃣ 在幻灯片窗格中右击要分节的位置，在弹出的快捷菜单中选择 **新增节(A)** 命令，然后输入节名称，即可创建节，如下图（左）所示。

2️⃣ 采用同样的方法继续创建节，切换到幻灯片浏览视图，效果如下图（右）所示。右击节名称，在弹出的快捷菜单中可以对节进行折叠/展开、移动、删除和重命名等操作，还可为各节应用不同的主题。

 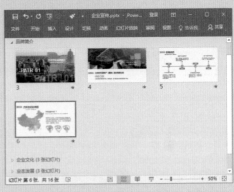

CHAPTER 07

CHAPTER 08

CHAPTER 09

CHAPTER 10

CHAPTER 11

CHAPTER 12

高效制作行业报告型PPT

行业报告型PPT重点在于客观分析，在掌握的真实数据、事实等基础上对所获取的资料进行全面、系统的整理和分析，通过图表、统计结果及文献资料等进行分析论证。本章将通过场景金融市场研究报告PPT和消费金融行业数据研究PPT两个案例，详细介绍行业报告型PPT的制作方法与技巧。

知识要点

01 行业报告型PPT的表达优化

02 实操案例：制作市场报告PPT

03 实操案例：制作数据研究PPT

案例展示

▼ 版面"齐、整、简、适"

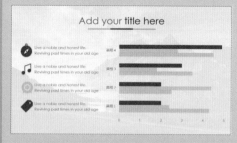

▼ 多用生动、直观的图表

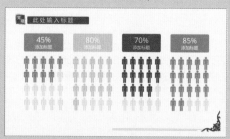

▼ 场景金融市场研究报告PPT

▼ 消费金融行业用户数据研究PPT

Chapter 11

11.1 行业报告型 PPT 的表达优化

■ 关键词：模板、图表、让观众看得懂、注重数据来源

　　行业报告一般都是通过国家政府机构及专业调研组织的一些最新统计数据及调研数据，根据合作机构专业的研究模型和特定的分析方法，经过行业资深人士的分析和研究后做出的对当前行业、市场的研究分析和预测，其重要性和严谨性不言而喻。下面将介绍几种行业报告型 PPT 的表达优化方法。

11.1.1 多看、多用模板，讲究"齐、整、简、适"

　　一套上佳的 PPT 模板可以让 PPT 的形象迅速提升，大大提升其可观赏性。同时，PPT 模板可以让设计思路更清晰，逻辑更严谨，更方便地处理图表、文字和图片等内容。因此，要想创作出一流的 PPT 作品，首先要看大量的模板，学习其结构、内容和语言等组织方法；其次，就是要学会模仿，会套用模板进行 PPT 创作，然后根据自身需要进行针对性的完善等。

　　行业报告性 PPT 注重的是报告本身的内容，因此在选用模板和设计页面时一定要讲究"齐、整、简、适"，切忌"杂、乱、繁、过"，如下图所示。

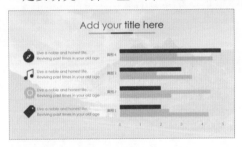
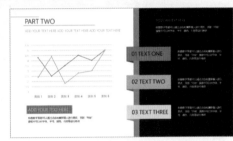

11.1.2 多用图表生动、形象、直观地表达数据

　　PPT 图表在演示过程中能够生动、形象、直观地表达一些具体数据，使观众一目了然，因此能用图表表达的就绝不用一堆让人眼花缭乱的文字和数据。对图表的美化只要做到简单、清晰即可，不需要过于复杂的设计，如下图所示。

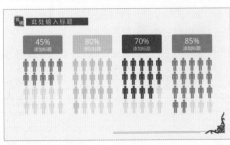
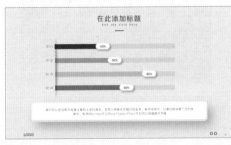

11.1.3 保证做出来的 PPT 能让观众看得懂

PPT 是一种思想的媒介，它的目的就是信息沟通，因此其中的每个文字和图片都要让观众看得懂，这是基本原则。行业报告需要有一定的经验和对行业的理解来判断，不同的人对行业报告的深浅度需求不同，所要了解信息的侧重点也不同，所以会需要不同层次的行业报告。

11.1.4 注重数据来源，讲究时效性、真实性

行业报告内容是商业信息，是竞争情报，具有很强的时效性和真实性，一般都是通过国家政府机构及专业调研组织的一些最新统计数据及调研数据，经过行业资深人士的分析和研究，而后做出的对当前行业、市场的研究分析和预测。因此，注重数据来源，讲究时效性和真实性也是制作行业报告型 PPT 的基本要求。

Chapter 11

11.2 实操案例：制作市场报告PPT

■ **关键词**：设置线条格式、合并形状、设置图表系列
格式、信息图形化、制作图标

下面将制作场景金融市场研究报告 PPT，其中包括封面页、过渡页、封底页、目录页与内容页的制作。

11.2.1 制作封面页、过渡页和封底页

下面将详细介绍如何制作场景金融市场研究报告 PPT 的封面页、过渡页和封底页，具体操作方法如下：

微课：制作封面页、过渡页和封底页

▌STEP 1▶ 设置幻灯片背景
创建"场景金融市场研究报告"演示文稿，新建空白幻灯片，插入图片作为背景。

▌STEP 2▶ 插入形状
插入三角形形状，并调整其位置和大小。

打开"颜色"对话框，❶ 设置颜色值，❷ 设置"透明度"为 50%。

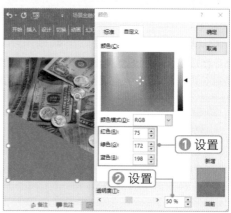

STEP 3 设置颜色值与透明度

再插入一个三角形形状，并调整其大小和位置，❶设置其颜色值与上一形状相同，❷设置"透明度"为30%。

STEP 4 添加 Logo 文本和图标

插入矩形形状，设置无填充，白色轮廓，添加 Logo 文本和图标。

STEP 5 输入文本

插入文本框和形状，输入标题和其他文本。

STEP 6 制作过渡页

将封面页复制一份，将底图亮度调低，并删除不需要的元素。插入椭圆形状，填充白色背景，并输入文本。

STEP 7 插入箭头

插入"双箭头"形状 ↖，并设置"箭头前端类型"和"箭头末端类型"为"圆形箭头" ●━。

STEP 8 继续插入箭头

继续插入"双箭头"形状，并设置形状样式。

STEP 9 输入节标题和文本

输入节标题和文本，并采用同样的方法完成所有过渡页的制作。

CHAPTER 07
CHAPTER 08
CHAPTER 09
CHAPTER 10
CHAPTER 11
CHAPTER 12

STEP 10 制作封底页

复制过渡页，删除不需要的元素。插入文本框，输入文本，并设置字体颜色"透明度"为 60%。

11.2.2 制作目录页

精美的图标可以美化 PPT 页面，除了从网上下载资源外，还可通过简单形状的组合来绘制图标。下面详细介绍如何在目录页中绘制标题图标，具体操作方法如下：

微课：制作目录页

STEP 1 设置母版

切换到"幻灯片母版"视图，插入新版式，删除标题占位符。插入矩形，并设置无填充颜色和矩形轮廓，插入公司 Logo。

STEP 2 插入形状

返回普通视图，使用创建的版式新建幻灯片，插入圆角矩形形状，调整其位置和大小。

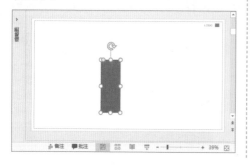

STEP 3 插入弦形

在圆角矩形上方插入弦形，调整其大小和宽度，设置形状无轮廓。

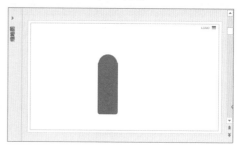

STEP 4 插入形状

继续插入圆角矩形，设置圆角弧度，并填充其他颜色，将其置于其他形状之上。

STEP 5 拆分形状

依次选中形状，❶ 选择 格式 选项卡，❷ 单击"合并形状"下拉按钮，❸ 选择 拆分 选项。

STEP 6 删除多余部分

此时形状会被拆分成多个小块，删除其中的多余部分。

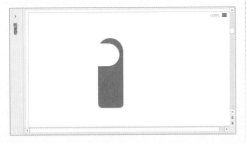

STEP 7 插入形状

设置形状无轮廓，并将形状微调至无缝隙。再次插入圆角矩形并置于顶层，调整圆角弧度和位置。

STEP 8 拆分形状

选择圆角矩形和下层形状，再次将形状进行拆分。

STEP 9 设置并组合形状

将拆分的形状去掉多余部分，设置形状无轮廓，并将剩余的形状进行组合。

STEP 10 复制形状

将形状复制多个，并填充不同的颜色。插入文本框，并输入目录文本。

11.2.3 制作内容页

　　下面以场景金融市场研究报告 PPT 的特殊内容页为例，介绍如何制作行业报告型 PPT 的内容页。

微课：制作内容页

1. 制作"场景金融的市场规模及增长率"幻灯片

　　下面通过插入图表并对图表进行

一系列的美化操作，制作"场景金融市场规模及增长率"幻灯片，具体操作方法如下：

CHAPTER 07
CHAPTER 08
CHAPTER 09
CHAPTER 10
CHAPTER 11
CHAPTER 12

STEP 1　单击 图表 按钮

新建幻灯片，❶选择 插入 选项卡，❷在"插图"组中单击 图表 按钮。

STEP 2　选择图表类型

弹出"插入图表"对话框，❶选择图表类型，❷单击 确定 按钮。

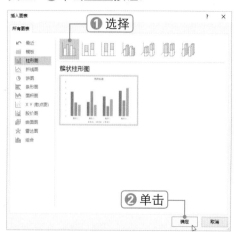

STEP 3　编辑数据

打开"Microsoft PowerPoint 中的图表"窗口，拖动右下角的控制柄，调整图表数据区域，编辑数据。

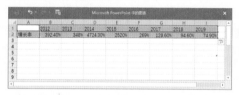

STEP 4　插入图表

关闭"Microsoft PowerPoint 中的图表"窗口，查看插入到幻灯片中的图表。

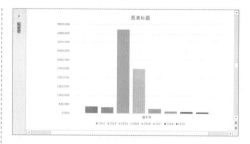

STEP 5　设置图表

删除纵坐标轴、图表标题和网格线，调整图表大小。

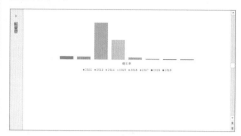

STEP 6　插入并复制图片

插入波形图片，并复制该图片。

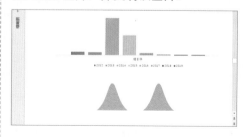

STEP 7　更改图片颜色

选中复制的图片，❶选择 格式 选项卡，❷单击 颜色 下拉按钮，❸在"重新着色"组中选择需要的颜色。

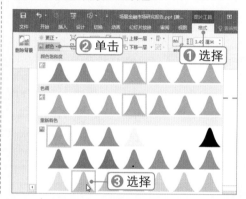

STEP 8 更改系列形状

选中第一个图形，按【Ctrl+C】组合键进行复制。选择第一个系列，按【Ctrl+V】组合键进行粘贴。

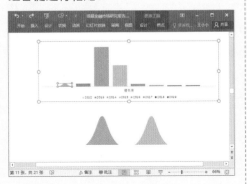

STEP 9 复制图形

选中第二个图形并进行复制，粘贴到第二个系列中。

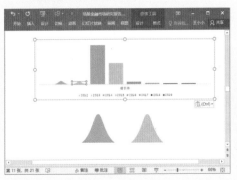

STEP 10 设置系列间距

完成所有系列形状更改，选中一个系列，打开"设置数据系列格式"窗格，❶选择"系列选项"选项卡 ，❷设置"系列重叠"为 40%，"分类间距"为 100%。

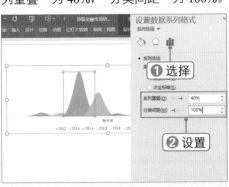

STEP 11 设置系列透明度

❶选择"填充与线条"选项卡 ，❷设置"透明度"为 20%。

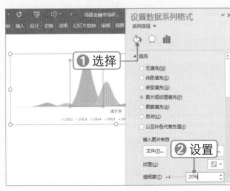

STEP 12 设置所有系列透明度

采用同样的方法，设置所有系列透明度。

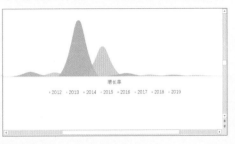

STEP 13 添加数据标签

删除图例和横坐标，选中图表，为图表添加数据标签。

秒杀技巧 还原图表原样式

要将图表样式还原为默认样式，可右击图表，在弹出的快捷菜单中选择 重设以匹配样式(A) 命令。

CHAPTER 07
CHAPTER 08
CHAPTER 09
CHAPTER 10
CHAPTER 11
CHAPTER 12

STEP 14　设置数据标签

设置数据标签字体大小和颜色。

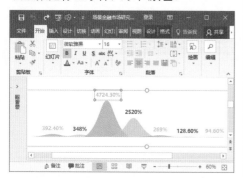

STEP 15　插入表格

删除横坐标轴，❶ 选择 插入 选项卡，
❷ 单击"表格"下拉按钮，❸ 选择插入
表格行列数。

STEP 16　编辑表格数据

设置表格格式，调整表格大小，使每个单
元格与上方图表系列相对应，填充数据。

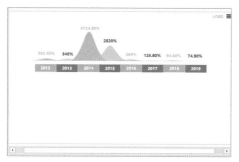

STEP 17　插入形状

插入"矩形标注"形状，输入文字作
为图表说明。

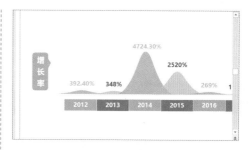

STEP 18　制作另一个图表

采取同样的方法制作另一个图表，输入
幻灯片标题，完成此页幻灯片的制作。

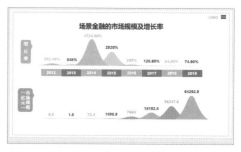

2. 制作"旧有模式分析"幻灯片

　　下面将介绍如何制作"旧有模式分
析"幻灯片，具体操作方法如下：

STEP 1　输入标题

新建幻灯片，插入文本框并输入标题。
插入三个圆角矩形，并设置其大小和轮
廓颜色。

STEP 2　插入形状

插入两个椭圆形状，设置不同的颜色，
并输入文本。插入上下箭头形状，设置
其大小和颜色，在箭头两侧添加文本。

STEP 3 添加文本

插入椭圆和上箭头形状，再插入文本框，使其横跨箭头，并输入文本。设置文本"分散对齐"，将文本置于箭头两侧。

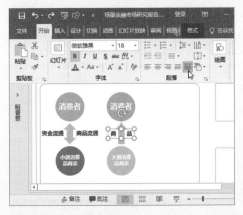

STEP 4 插入弧形

插入弧形形状，设置形状大小，拖动两端黄色控制柄调整形状。

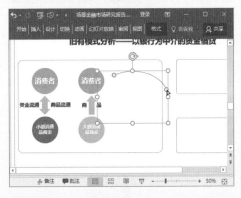

STEP 5 设置短画线类型

❶单击"短画线类型"下拉按钮，❷选择需要的类型，如"方点"。

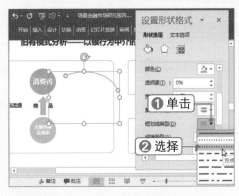

STEP 6 设置箭头末端类型

❶单击"箭头末端类型"下拉按钮，❷选择需要的类型，如"燕尾箭头"。

STEP 7 设置箭头大小

❶单击"箭头末端大小"下拉按钮，❷根据需要选择大小。

STEP 8 添加文本

添加其他元素，插入文本框，并输入文本，设置文本框填充颜色为白色。

CHAPTER 07
CHAPTER 08
CHAPTER 09
CHAPTER 10
CHAPTER 11
CHAPTER 12

▌STEP 9 ▶ 添加文本

移动文本框到矩形左上方，继续在矩形内部添加文本框，并输入文本。

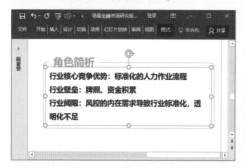

▌STEP 10 ▶ 选择"项目符号和编号"选项

❶选择 开始 选项卡，❷单击"项目符号"下拉按钮 ≔ ·，❸选择"项目符号和编号"选项。

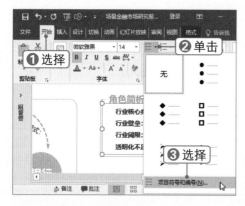

▌STEP 11 ▶ 设置项目符号

弹出"项目符号和编号"对话框，❶选择项目符号类型，❷设置项目符号颜色，❸单击 确定 按钮。

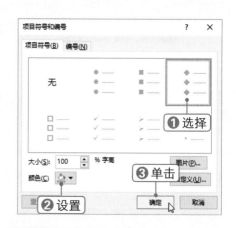

▌STEP 12 ▶ 添加其他内容

采用同样的方法，再插入一个圆角矩形并添加内容，即可完成此张幻灯片的制作。

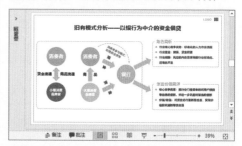

3. 制作"场景对消费者决策行为的影响"幻灯片

下面将介绍如何制作"场景对消费者决策行为的影响"幻灯片，具体操作方法如下：

▌STEP 1 ▶ 插入形状

新建幻灯片，插入一个梯形和等宽的矩形，再复制一个梯形并垂直翻转，并调整其位置。

STEP 2　合并形状

将三个形状连接在一起，选中三个形状并调整大小。❶选择 格式 选项卡，❷单击"合并形状"下拉按钮 ⌵ ，❸选择 联合(U) 选项。

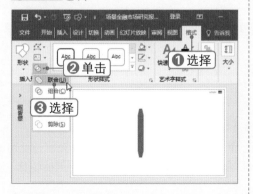

STEP 3　复制形状

按【Ctrl+C】组合键复制形状，然后多次按【Ctrl+V】组合键粘贴形状，将形状复制 17 份。

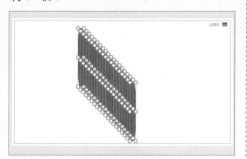

STEP 4　对齐形状

选中复制的形状，然后分别设置"水平居中"和"垂直居中"对齐方式。

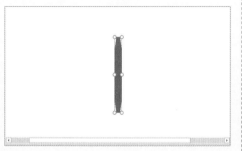

STEP 5　旋转形状

选中最上层的形状，打开"设置形状格式"窗格，❶选择"大小与属性"选项卡 ▥ ，❷设置"旋转"角度为 10°。

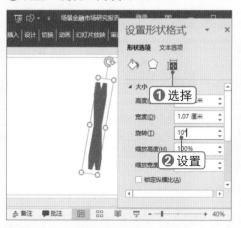

STEP 6　旋转形状

选中重叠的形状，在"设置形状格式"窗格中设置"旋转"角度为 20°。

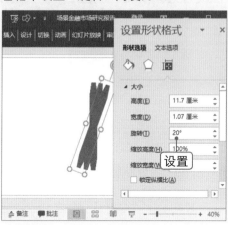

STEP 7　旋转其他形状

采用同样的方法，继续旋转其他形状。

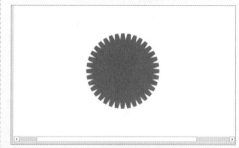

CHAPTER 07
CHAPTER 08
CHAPTER 09
CHAPTER 10
CHAPTER 11
CHAPTER 12

STEP 8　合并形状

❶选中全部形状，❷在 格式 选项卡下单击"合并形状"下拉按钮 ，❸选择 联合(U) 选项。

STEP 9　绘制矩形

在 视图 选项卡下设置显示参考线，将齿轮图形移到参考线中心，再绘制一个矩形。

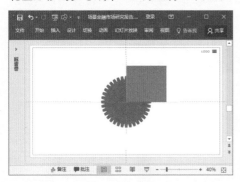

STEP 10　拆分形状

❶选中齿轮图形，❷选中矩形，❸单击"合并形状"下拉按钮 ，❹选择 拆分(F) 选项。

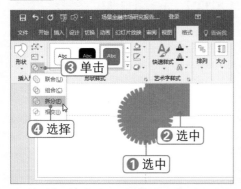

STEP 11　设置填充颜色

删除多余的部分形状，此时可单独选中右上角 1/4 的齿轮形状，设置填充颜色。

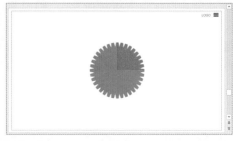

STEP 12　复制形状

删除其他 3/4 锯齿形状，将填充好的 1/4 齿轮形状复制三份，并设置为不同的颜色。

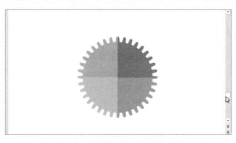

STEP 13　添加其他内容

在齿轮图形中添加小图标，插入其他形状和文本框，添加文本，即可完成此张幻灯片的制作。

实操解疑 ❓

拆分合并

　　要将一个圆形快速分为四等份，可以制作两个十字交叉的矩形，矩形的高度为圆形半径，然后使圆形同时与这两个矩形相切，最后对这三个形状执行"拆分"合并即可。

CHAPTER 07
CHAPTER 08
CHAPTER 09
CHAPTER 10
CHAPTER 11
CHAPTER 12

Chapter 11

11.3 实操案例：制作数据研究PPT

■ 关键词：利用图形设计封面和目录、制作修饰图形、
设置折线图、设置系列填充

PPT 图表是以图形表示各类数理关系、逻辑关系的一种演示形式，旨在让这些关系可视化、清晰化和形象化。本案例应用了多种图表类型，下面进行详细介绍如何制作消费金融行业数据研究 PPT。

11.3.1 制作封面页和目录页

下面将介绍如何制作消费金融行业数据研究 PPT 的封面页和目录页，具体操作方法如下：

微课：制作封面页和目录页

█ STEP 1 新建幻灯片 //////////////

创建"消费金融行业数据研究"演示文稿，新建空白版式幻灯片，设置背景颜色。

█ STEP 2 插入直角三角形 //////////////

插入两个直角三角形形状，并设置为不同的颜色。

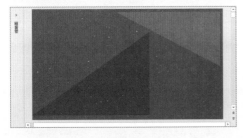

█ STEP 3 插入矩形和三角形 //////////////

调整两个三角形的位置，靠幻灯片右侧边缘对齐。继续插入矩形和三角形形状，并设置为不同的颜色。

█ STEP 4 插入流程图形状 //////////////

插入"流程图：离页连接符"形状▽，设置其颜色为白色。

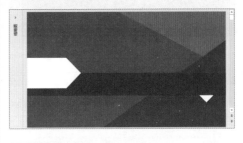

█ STEP 5 插入其他元素 //////////////

插入其他图标素材和文本框，输入标题和文本，即可完成封面页制作。

STEP 6 设置背景颜色

切换到幻灯片母版视图，设置母版背景颜色，在"颜色"对话框中对颜色值进行设置。

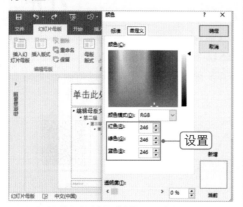

STEP 7 制作目录页

返回普通视图，并新建幻灯片。插入形状和文本框，输入标题和英文。

STEP 8 插入形状

插入"流程图:离页连接符"形状和圆形，并调整其位置和大小。

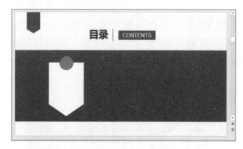

STEP 9 剪除形状

依次选中连接符形状和圆形，❶选择 格式

选项卡，❷单击"合并形状"下拉按钮 ◎·，❸选择 剪除(S) 选项。

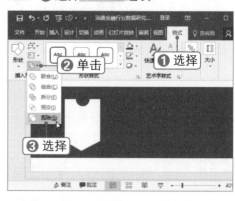

STEP 10 插入形状

在剪除后的形状上方插入圆形和两个矩形，设置形状颜色，并在圆形内输入序号。

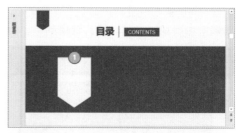

STEP 11 选择虚线类型

在圆形下方插入直线，❶选择 格式 选项卡，❷单击 形状轮廓 下拉按钮，❸选择"虚线"选项，❹选择虚线类型。

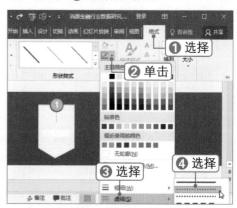

STEP 12 复制图形

插入矩形和文本框，并输入文本，然后复制图形并修改文本，完成目录页的制作。

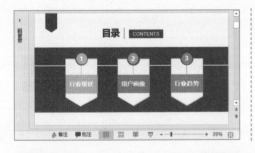

秒杀技巧 为幻灯片添加标题

若在设置自定义放映时看不到幻灯片标题，可切换到"大纲视图"，在大纲窗格中输入标题，然后将其移到幻灯片外即可。

11.3.2 制作过渡页和封底页

下面将介绍如何制作消费金融行业数据研究 PPT 的过渡页和封底页，具体操作方法如下：

微课：制作过渡页和封底页

STEP 1 插入修饰图形

新建空白幻灯片，在幻灯片中插入矩形形状作为修饰图形。

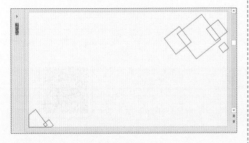

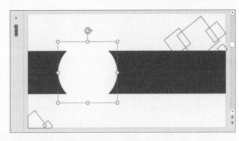

CHAPTER 10

STEP 4 插入空心弧

插入空心弧形状，拖动左侧黄色控制柄，调整形状长度；拖动右侧黄色控制柄，调整形状宽度。

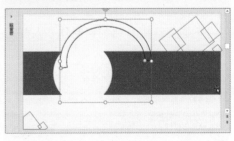

STEP 2 插入矩形

在幻灯片中间部分插入矩形形状，调整其大小和排列顺序，使其置于底层。

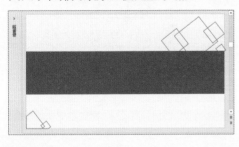

STEP 5 设置形状

设置形状弧度、宽度和形状轮廓，并调整形状的位置，将其置于圆形形状周围。

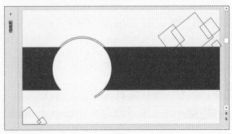

STEP 3 插入圆形

插入圆形形状，设置其填充颜色与背景色相同，并置于矩形形状之上。

CHAPTER 12

STEP 6　添加文本和图标

插入文本框和其他图标元素，输入标题和文本，即可完成此张幻灯片的制作。将其复制两份，更改文本内容，完成其他过渡页的制作。

STEP 8　添加文本

在矩形上添加文本，设置字体格式。在矩形形状下方插入文本框，并输入文本。

STEP 7　插入矩形

新建空白版式幻灯片，插入两个矩形形状，并分别填充为不同的颜色。插入三角形形状，设置其颜色与左侧矩形形状相同。

11.3.3　制作内容页

下面将介绍如何制作消费金融行业数据研究 PPT 的内容页，具体操作方法如下：

微课：制作内容页

1. 制作"人群定位"幻灯片

下面将详细介绍如何制作"人群定位"幻灯片，具体操作方法如下：

STEP 1　插入形状和文本

新建幻灯片，插入形状和文本。

STEP 2　插入图表

在 插入 选项卡下"插图"组中单击 图表

按钮，弹出"插入图表"对话框，❶选择"折线图"类型，❷单击 确定 按钮。

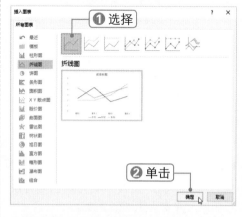

STEP 3　设置纵坐标轴

生成图表，并编辑数据。双击纵坐标轴，打开"设置坐标轴格式"窗格，❶选择"系列"选项卡，❷在"标签"区域中设置"标签位置"为"无"。

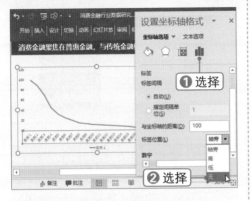

STEP 4　设置坐标轴样式

采用同样的方法，设置横坐标轴无标签，并设置横/纵坐标轴颜色、宽度和箭头样式等。

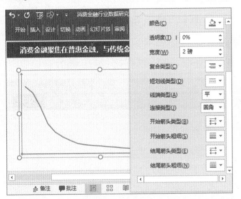

STEP 5　添加坐标轴标题

❶单击"图表元素"按钮，❷选中"坐标轴标题"复选框，添加坐标轴标题。

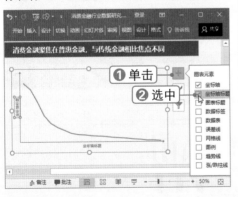

STEP 6　设置坐标轴标题

修改坐标轴标题内容，选中横坐标轴标题，❶选择 开始 选项卡，❷单击"文字方向"下拉按钮，❸选择"堆积"选项。

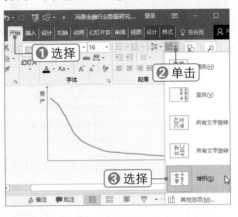

STEP 7　设置系列格式

设置折线颜色，为折线添加阴影样式。

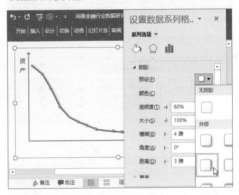

STEP 8　添加文本

在图表中的合适位置插入直线，插入文本框，并添加文本。

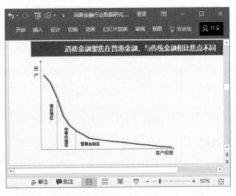

CHAPTER 07

CHAPTER 08

CHAPTER 09

CHAPTER 10

CHAPTER 11

CHAPTER 12

STEP 9　插入形状

插入弧形形状，调整形状，并设置形状箭头类型。

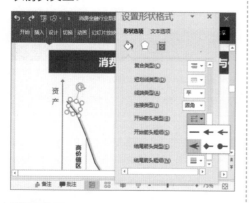

STEP 10　设置文本

插入形状和文本框，并为文本添加项目符号。

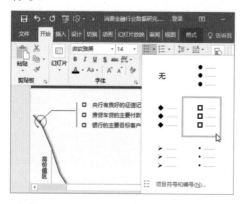

STEP 11　添加其他元素

采用同样的方法，添加图表其他元素。

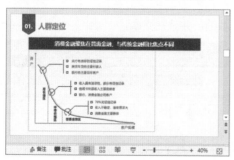

STEP 12　添加文本

插入矩形形状并添加文本，即可完成此幻灯片的制作。

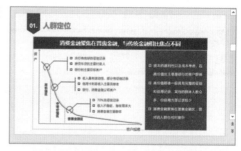

2. 制作"消费金融人群画像"幻灯片

利用合适的图片填充系列不仅可以起到美化图表的作用，还能使图表更生动、更直观地表达内容。下面将介绍如何制作"消费金融人群画像"幻灯片，具体操作方法如下：

STEP 1　插入形状并添加文本

新建空白幻灯片，插入形状并添加文本。插入直线，将幻灯片分成三部分。

STEP 2　美化图表

插入两个柱形图，编辑数据后美化图表。

STEP 3　插入图表

打开"插入图表"对话框，❶ 在左侧选择"饼图"类型，❷ 在右侧选择"圆环图"图表类型，❸ 单击 确定 按钮。

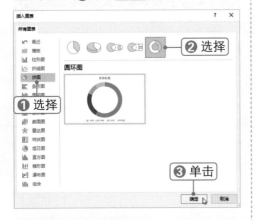

STEP 4　美化图表

插入图表并编辑图表数据，对图表系列颜色、数据标签等元素进行设置，在图表中间插入文本框并输入文本。

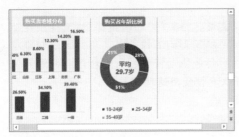

STEP 5　插入簇状条形图

继续插入图表，选择图表类型为"簇状条形图"。

STEP 6　设置图表系列

删除图表其他元素，设置图表系列。

STEP 7　设置系列填充

插入"小人"图标并进行复制，选中图表系列，按【Ctrl+V】组合键进行粘贴。

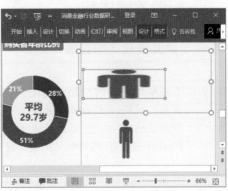

STEP 8　设置填充类型

双击系列，打开"设置数据点格式"窗格，选中"层叠"单选按钮。

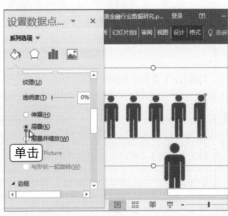

【STEP 9 完善图表

添加图形、文本框和形状，对图表进行完善。

【STEP 10 添加另一个图表

采用同样的方法制作另一个图表，即可完成本张幻灯片的制作。

商务办公 私房实操技巧

TIP：建立高效工作界面

在编辑幻灯片时，经常需要用到"设置形状格式""动画窗格""选择"等窗格，可每次都要反复地打开和关闭，以致影响工作效率。用户可以稍微调小工作窗口，然后打开相应的窗格，向外拖动窗格的标题栏，将其移到 PowerPoint 窗口以外，在操作时就可以直接使用这些窗格了。

TIP：快速切换视图

在 PowerPoint 2016 中单击状态栏右侧的视图按钮，可以快速切换到普通视图、换片浏览视图、阅读视图和幻灯片放映视图。若按住【Shift】或【Ctrl】键的同时单击这些按钮，可以快速切换视图方式，详见下表。

快捷操作	功　能
【Shift】+ "普通视图" 按钮	切换到幻灯片母版视图
【Shift】+ "幻灯片浏览" 按钮	切换到讲义母版视图
【Ctrl+Shift】+ "普通视图" 按钮	隐藏幻灯片窗格和备注窗格
【Ctrl+Shift】+ "幻灯片浏览" 按钮	切换到大纲视图
【Shift】+ "阅读视图" / "幻灯片放映" 按钮	打开 "设置放映方式" 对话框

CHAPTER 07

CHAPTER 08

CHAPTER 09

CHAPTER 10

CHAPTER 11

CHAPTER 12

TIP：将图片裁剪为文字

 若要将图片裁剪为文字，可以利用"合并形状"功能将文字与图片进行"相交"合并，方法如下：

（1）在幻灯片中插入图片并添加文本，将文本置于图片上方。依次选中图片和文本，如下图（左）所示。

（2）单击"合并形状"下拉按钮，选择"相交"选项，即可将图片裁剪为文本，如下图（右）所示。右击图片，在浮动工具栏中单击"裁剪"按钮，还可移动图片在文字中的位置。

TIP：删除 / 隐藏母版背景图片

 在幻灯片中设置背景格式时，若无法修改背景颜色，多是由于其对应的母版版式中插入了背景图片。若该背景无用，可以切换到幻灯片母版视图删除该图片。此外，在设置幻灯片背景时，在"设置背景格式"窗格中选中"隐藏背景图形"复选框，可以隐藏在母版中添加的背景图片、图形和 Logo 等。若要恢复版式的默认格式，可单击下方的"重置背景"按钮。

Ask Answer 高手疑难解答

问 如何透视幻灯片背景图片？

图解解答 通过设置形状背景填充即可透视幻灯片背景图片，方法如下：

1️⃣ 在"设置背景格式"窗格中设置图片背景，插入一个半透明的矩形，在矩形上插入"流程图：终止"形状，如下图（左）所示。

2️⃣ 选中形状，打开"设置形状格式"窗格，在"填充"区域中选中"幻灯片背景填充"单选按钮，即可透视幻灯片背景图片。拖动形状，可以发现该形状会始终透视对应位置的幻灯片背景，如下图（右）所示。

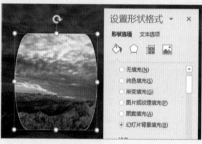

问 为何在文件夹中无法预览 PPT ？

图解解答 一般情况下，在保存 PPT 的文件夹中可以直接看到 PPT 第一张幻灯片的预览视图。若在有的文件夹中看不到，则需在 PowerPoint 中对其文件属性进行设置，方法如下：

1. 选择"文件"选项卡，在左侧选择"信息"选项，单击 属性▾ 下拉按钮，选择"高级属性"选项，如下图（左）所示。

2. 弹出文件属性对话框，在"摘要"选项卡中选中"保存预览图片"复选框，单击 确定 按钮，如下图（右）所示。

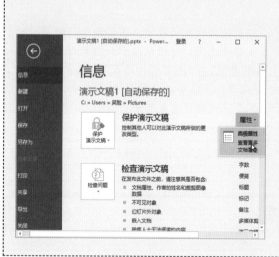

高效制作总结汇报型 PPT

本章导读

在职场上，无论是工作实施开展，还是阶段性汇报，都需要进行总结汇报，因此总结汇报型 PPT 是在职场中使用最多也最常见的一种 PPT 类型。本章将通过述职报告 PPT 和年终报告 PPT 两个案例，详细介绍总结汇报型 PPT 的制作方法与技巧。

知识要点

01 总结汇报型 PPT 的表达优化

02 实操案例：制作述职报告 PPT

03 实操案例：制作年终总结 PPT

案例展示

▼ 内容框架清晰

▼ 背景设计简洁

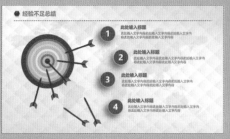

▼ 述职报告 PPT

▼ 年终总结 PPT

Chapter 12
12.1 总结汇报型 PPT 的表达优化

■ 关键词：内容框架、少用文字、背景简洁、动画恰当

总结汇报型 PPT 虽然常见，但要制作出一份受人瞩目的总结汇报型 PPT 也绝非易事。下面将简要介绍几种总结汇报型 PPT 的表达优化方法。

12.1.1 内容框架一定要清晰，逻辑性要强

总结汇报型 PPT 多用于职场，因此在制作 PPT 时首先要保证有清晰的内容框架，工作回顾、经验总结、改进措施和未来展望等能让听汇报的观众一目了然，如下图所示。在组织 PPT 内容时，要有清晰、简明的逻辑关系，无论并列、递进、因果等逻辑关系，都能让观众感觉 PPT 很有层次感。

12.1.2 少用文字，多用图片、图表和表格表达信息

很少有人会对 PPT 中密密麻麻的大段文字感兴趣，因此在制作总结汇报型 PPT 时，应尽可能多地使用图片、图表、表格和流程图等来直观地展现内容，表达信息，尽可能少地通过文字来进行阐述，如下图所示。

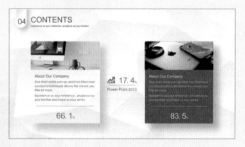

12.1.3 背景设计要简洁，用色多用大众色

总结汇报型 PPT 多用于较正式的会议场合，气氛比较严肃，所以 PPT 的背景设计应以简洁、正式的风格为主，切不可花里胡哨。母版背景色不宜使用全

图作为背景，可以使用简单的底色来突显 PPT 内容，如下图所示。因为人们对颜色的感观各有不同，为了保险起见，在用色上应多用商务蓝、简洁灰等大众色。

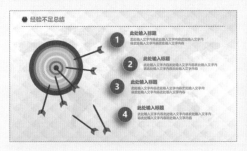

CHAPTER 08

12.1.4 动画运用要适当，切不可喧宾夺主

现在人们对 PPT 的审美能力越来越高，过于平实的 PPT 注定不能提起观众的欣赏兴趣，因此适当地运用动画能使 PPT 作品变得生动、有趣。但需要特别注意的是，在为 PPT 添加动画效果时，一定要讲究恰如其分，切不可喧宾夺主，让人眼花缭乱，而忽视了 PPT 的本身内容。

Chapter 12

12.2 实操案例：制作述职报告 PPT

■ 关键词：设置图片背景、对齐形状、设置图片颜色、
制作工作计划流程图、添加动画

述职报告 PPT 一般适用于下级向上级、主管人员向下属陈述任职情况等，包括完成工作任务的成绩、缺点、问题、设想，以及进行自我回顾等内容。下面将介绍如何制作一份正式的述职报告 PPT。

12.2.1 制作封面页

下面将详细介绍如何制作述职报告 PPT 的封面页，具体操作方法如下：

微课：制作封面页

▌STEP 1 设置幻灯片背景
新建"述职报告 PPT"演示文稿，新建幻灯片，设置幻灯片图片填充背景。

STEP 2　插入形状

在幻灯片中插入三角形形状并进行复制，按住【Shift】键等比例放大形状并进行水平和垂直翻转。将形状置于右侧，并用剪除矩形的方式删除页面外的部分。

STEP 3　插入直线

插入两条直线，并调整直线和三角形一边平行。

STEP 4　复制形状

将左下角的三角形形状复制两份，调整其大小和位置，并置于幻灯片右侧。

STEP 5　添加标题

插入文本框，在其中输入标题和文本，即可完成封面页的操作。

12.2.2　制作目录页

　　下面将详细介绍如何制作述职报告 PPT 的目录页，具体操作方法如下：

微课：制作目录页

STEP 1　插入圆形

新建幻灯片，插入不同大小的圆形形状，并设置其对齐方式为"水平居中"和"垂直居中"。

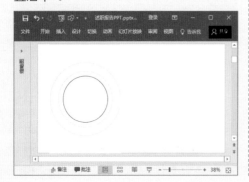

STEP 2　插入形状

插入椭圆、矩形和图片素材，为矩形设置不同的宽度和颜色。

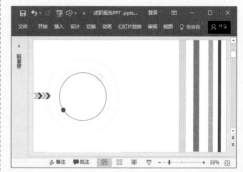

STEP 3 制作标题图标

将四个矩形调整到右侧并依次排列，围绕最外围圆形制作标题图标。

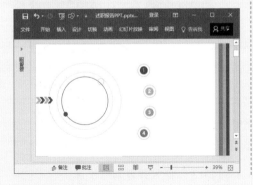

STEP 4 添加文本

插入文本框，添加标题和文本内容。

12.2.3 制作封底页

下面将详细介绍如何制作述职报告 PPT 的封底页，具体操作方法如下：

微课：制作封底页

STEP 1 设置背景色

新建空白幻灯片，设置页面背景填充颜色。

STEP 2 插入形状

将目录页矩形组合后复制到该幻灯片中，旋转角度置于页面底部，插入圆形形状并设置白色背景。

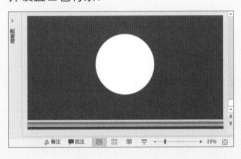

STEP 3 插入图片

在幻灯片中插入素材图片。

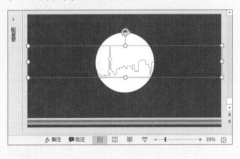

STEP 4 设置图片颜色

❶选择 格式 选项卡，❷单击"颜色"下拉按钮，❸在"重新着色"区域中选择需要的颜色。

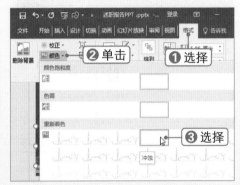

STEP 5　添加文本

调整图片的大小和位置，在形状中添加文本。

12.2.4　制作内容页

下面将介绍如何制作述职报告 PPT 的内容页，其中主要以包含特殊格式、流程图的页面为例进行介绍。

微课：制作内容页

1. 制作"目标实现要点"幻灯片

下面将详细介绍如何制作"目标实现要点"幻灯片，具体操作方法如下：

STEP 1　插入形状

新建空白幻灯片，插入多个圆形形状，设置形状垂直和水平居中对齐。

STEP 2　设置形状轮廓

选中需要设置的圆形形状，❶ 选择 格式 选项卡，❷ 单击"形状轮廓"下拉按钮，❸ 选择"虚线"选项，❹ 选择需要的虚线类型。

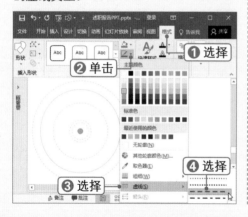

STEP 3　插入并复制形状

插入一个圆形形状，将其复制三份，设置不同的颜色，并调整到合适的位置。

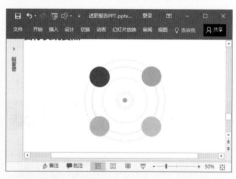

STEP 4　插入并组合图标

在每个圆形形状中插入不同的图标，并将其组合在一起。

STEP 5　添加文本内容

插入文本框，添加幻灯片文本内容，即可完成此张幻灯片的制作。

2. 制作"简要工作计划"幻灯片

工作计划通过流程图来展现更能直观地反映出每一阶段的承接关系和内容。下面将介绍如何制作"简要工作计划"幻灯片，具体操作方法如下：

STEP 1 插入标题

新建幻灯片，插入图片、矩形形状和幻灯片标题。

STEP 2 插入形状

插入圆形形状，在形状中添加直线，并设置"开始箭头类型"为"圆形箭头"，在圆形正下方插入直线。

STEP 3 插入并组合形状

在直线上插入圆形和三角形形状，并对其进行组合。复制组合形状，进行水平翻转，并调整到合适的位置。

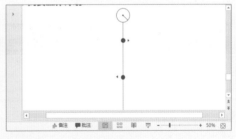

STEP 4 添加淡出动画

为圆形添加淡出动画，设置"开始"为"上一动画之后"，"持续时间"为 0.5 秒；为圆形内直线添加淡出动画，设置"开始"为"上一动画之后"，"持续时间"为 0.5 秒。

STEP 5 添加擦除动画

选中圆形下方的直线，添加擦除动画，将"效果选项"设置为"自顶部"。

CHAPTER 07

CHAPTER 08

CHAPTER 09

CHAPTER 10

CHAPTER 11

CHAPTER 12

STEP 6 添加淡出动画

为两个组合形状添加淡出动画，设置第一个组合形状"开始"为"上一动画之后"，第二个组合形状"开始"为"与上一动画同时"，"持续时间"为 0.5 秒。

实操解疑

设置动画播放后变暗

当讲解幻灯片中的内容点时，可以为所有内容点添加进入动画。当讲解完一个后进入第二个内容点，并自动使第一个内容点变暗。方法为：打开"动画效果"对话框，设置"动画播放后"的颜色。

STEP 7 插入矩形

在第一个组合形状右侧插入矩形，设置其无填充和轮廓颜色，在矩形内添加等宽的矩形形状，设置填充颜色。

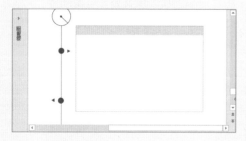

STEP 8 添加动画

为较大的矩形添加淡出动画，设置"开始"为"单击时"；为另一个矩形添加淡出动画，设置"开始"为"上一动画之后"，"持续时间"均为 0.5 秒。

STEP 9 添加矩形

在矩形框内再次添加矩形，将填充浅色的矩形覆盖。

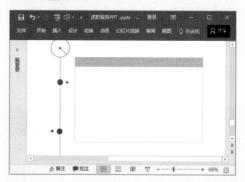

STEP 10 添加伸展动画

选中添加的矩形，为其添加伸展动画，设置"效果选项"为"自左侧"，"开始"为"上一动画之后"，"持续时间"为 1 秒。

STEP 11 插入图片

在矩形上方插入图片，为图片添加淡出动画，设置"开始"为"上一动画之后"，"持续时间"为 0.5 秒。

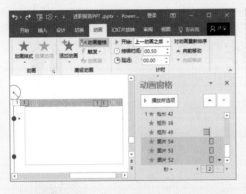

STEP 12 插入文本

在矩形边框内插入文本，并设置文本格式。

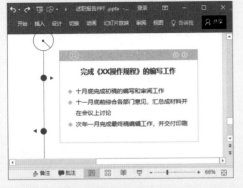

STEP 13 添加淡出动画

为文本框添加淡出动画，设置上方标题文本框"效果选项"为"作为一个对象"，下方内容文本"效果选项"为"按段落"。

STEP 14 复制并修改内容

复制右侧内容，修改颜色和文本内容，作为第二阶段内容。

STEP 15 添加内容

新建幻灯片，采用同样的方法，继续制作三、四阶段的内容，将这两页内容作为一个完整的流程。

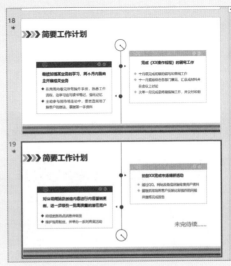

STEP 16 添加切换动画

在左侧缩略图列表中选中流程内第二页幻灯片，❶选择 切换 选项卡，❷单击"切换效果"下拉按钮，❸选择"推进"切换效果。

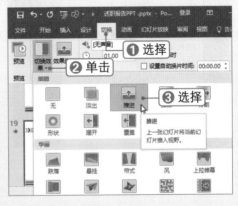

CHAPTER 07
CHAPTER 08
CHAPTER 09
CHAPTER 10
CHAPTER 11
CHAPTER 12

Chapter 12

12.3 实操案例：制作年终总结PPT

■关键词：调整对象层次、设置图片填充、分割页面、编辑图表、应用形状样式、应用动画

年终总结是人们对一年来的工作与学习等进行回顾和分析，总结经验和教训等。下面将详细介绍如何制作一份完整的年终总结 PPT。

12.3.1 制作封面页

下面将介绍如何制作年终总结 PPT 的封面页，具体操作方法如下：

微课：制作封面页

STEP 1   设置图片背景

创建"年终总结"演示文稿，新建幻灯片，设置图片作为背景填充。

STEP 2   插入矩形

插入与幻灯片同等宽度的矩形形状，❶设置其颜色值，❷设置"透明度"为30%。

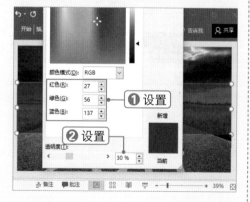

STEP 3   单击"选择窗格"按钮

插入多个不同大小的矩形形状，并设置为不同的样式。❶选择 格式 选项卡，❷单击"排列"下拉按钮，❸单击"选择窗格"按钮。

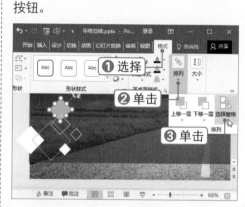

STEP 4   调整排列层次

打开"选择"窗格，选择矩形并拖动，即可调整排列层次。

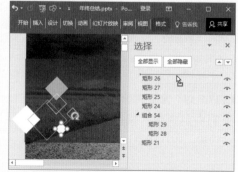

STEP 5 复制并翻转图形

组合多个矩形形状并进行复制，进行水平和垂直翻转。

STEP 6 插入标题

插入修饰矩形，填充白色并设置阴影；插入文本框，输入标题文本。

12.3.2 制作目录页

下面将介绍如何制作年终总结 PPT 的目录页，具体操作方法如下：

微课：制作目录页

STEP 1 插入形状

新建幻灯片，在幻灯片上下方分别插入矩形形状作为修饰图形，在中间插入正方形形状，并调整旋转角度。

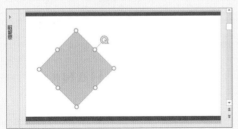

STEP 2 设置图片填充

复制正方形，按住【Shift】键等比例调整大小，并设置图片填充，在"设置图片格式"窗格中取消选择"与形状一起旋转"复选框。

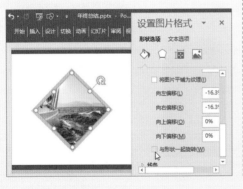

STEP 3 复制并缩小形状

复制矩形形状并等比例缩小，在形状上添加文本。

STEP 4 添加其他元素

添加幻灯片中的其他元素，即可完成目录页的制作。

12.3.3 制作封底页

下面将介绍如何制作年终总结 PPT 的封底页，具体操作方法如下：

微课：制作封底页

STEP 1　插入箭头形状

新建幻灯片，插入"箭头：V 型"形状
》，并调整其位置和大小。

STEP 2　插入并复制形状

插入正方形形状，调整旋转角度并复制多个，调整其大小和位置。

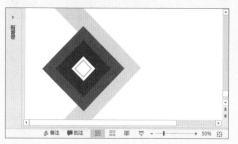

STEP 3　插入十字形状

插入"十字形"形状 ✛，拖动黄色控制柄可以调整十字形的宽度。

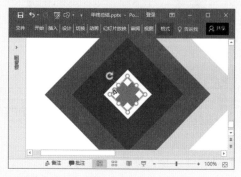

STEP 4　设置形状颜色

将十字形状设置为白色，在右侧插入直线和文本，即可完成封底页的制作。

12.3.4 制作内容页

下面将介绍如何制作年终总结 PPT 的内容页，其中主要以包含特殊版式、图表的页面为例进行介绍。

微课：制作内容页

1. 制作"工作回顾"幻灯片

下面将介绍如何制作"工作回顾"幻灯片，具体操作方法如下：

STEP 1　插入矩形

在幻灯片左侧插入两个矩形形状，以放置幻灯片标题和小标题。

STEP 2 插入标题

插入幻灯片标题和小标题，在小标题上方插入图标，在右侧插入直线，将幻灯片分为四部分。

STEP 3 插入标题序号和内容

插入标题序号和内容，设置序号字体为斜体。

STEP 4 分别设置颜色

将标题序号和内容分别设置为不同的颜色。

2. 制作"业绩回顾"幻灯片

下面将介绍如何制作"业绩回顾"幻灯片，具体操作方法如下：

STEP 1 插入形状和标题

新建幻灯片，插入平行四边形形状和幻灯片标题，在下方插入直线和矩形。

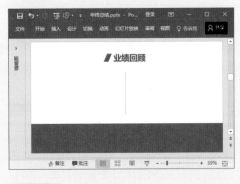

STEP 2 插入图表

弹出"插入图表"对话框，❶选择"簇状条形图"类型，❷单击 确定 按钮。

STEP 3 编辑图表数据

打开"Microsoft PowerPoint 中的图表"窗口，编辑图表数据。

STEP 4 单击"选择数据"按钮

插入图表后进行美化，选中图表，在设计选项卡下单击"选择数据"按钮。

CHAPTER 07
CHAPTER 08
CHAPTER 09
CHAPTER 10
CHAPTER 11
CHAPTER 12

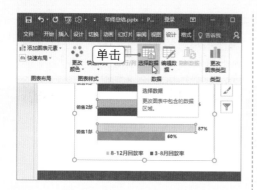

STEP 5　更改系列顺序

弹出"选择数据源"对话框，❶在"图例项（系列）"下选择"3-8月回款率"系列，❷单击"下移"按钮，❸单击　确定　按钮。

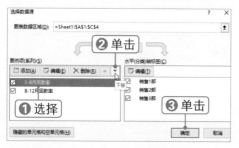

STEP 6　添加图表标题

插入平行四边形形状并旋转 90 度，添加文本并与形状组合，作为图表标题。

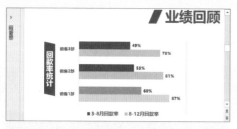

STEP 7　插入图表

在直线右侧插入图表，复制图表标题，修改标题内容。

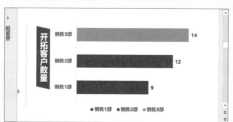

STEP 8　添加文本

在下方矩形内插入文本框并添加文本，即可完成此张幻灯片的制作。

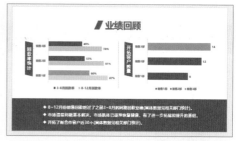

3. 制作"营销培训"幻灯片

下面将介绍如何制作"营销培训"幻灯片，具体操作方法如下：

STEP 1　插入并填充矩形

新建幻灯片，在上方插入矩形形状，并设置填充颜色。

STEP 2　插入标题和文本

插入倒三角形形状并填充为白色，插入幻灯片标题和文本。

STEP 3　插入并复制形状

插入圆形形状，并应用内阴影样式。将圆形形状复制两份，设置横向分布，在下方插入两条直线。

STEP 4　插入并填充形状

再次插入圆形形状，设置图片填充，将填充后的形状复制两份，并更改图片填充。

STEP 5　添加小标题和文本

在形状下方添加小标题和文本，即可完成此张幻灯片的制作。

4. 制作"新年计划"幻灯片

　　使用"动画刷"工具可以快速地将指定动画复制到其他对象上，而不用重复设置动画，这样可以提高工作效率。在制作"新年计划"幻灯片的过程中就使用了"动画刷"工具，具体操作方法如下：

STEP 1　插入形状和标题

新建幻灯片，在页面中插入矩形形状和幻灯片标题。

STEP 2　插入并复制形状

插入圆形形状，然后复制形状并等比例放大，设置无填充颜色和轮廓，调整形状的位置并进行组合。

STEP 3　复制并设置形状

将组合形状复制三份，设置为不同的颜色，并调整到合适的位置。

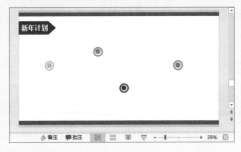

STEP 4　插入年份

在每个圆形形状组合处插入"对话气泡：矩形"形状□，在形状上插入年份数字。

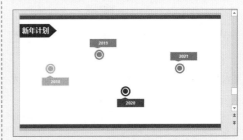

CHAPTER 07

CHAPTER 08

CHAPTER 09

CHAPTER 10

CHAPTER 11

CHAPTER 12

STEP 5 插入直线

插入直线制作波浪形状，将直线置于底层并进行组合，连接年份节点。

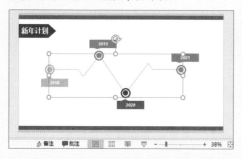

STEP 6 添加文本

在每个节点处插入文本框，在其中添加文本内容。

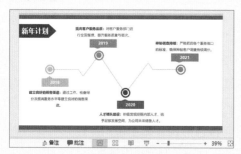

STEP 7 添加擦除动画

选中直线组合，添加擦除动画，设置"效果选项"为"自左侧"，"开始"为"上一动画之后"，"持续时间"为 2 秒。

STEP 8 添加淡出动画

选中第一个椭圆组合，添加淡出动画，设置"开始"为"与上一动画同时"，"持续时间"为 0.5 秒。在"高级动画"组中单击 动画刷 按钮，即可复制动画。

STEP 9 应用动画刷

此时鼠标指针右侧出现刷子形状，在第二个圆形组合上单击，即可为其添加淡出动画，设置"延迟"时间为 0.5 秒。

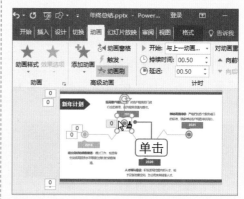

STEP 10 复制动画

采用同样的方法，为剩余两个圆形组合形状添加淡出动画，设置第三个圆形组合形状"延迟"为 1 秒，最后一个圆形组合形状"延迟"为 1.5 秒。

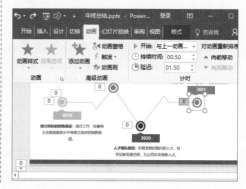

CHAPTER 07

CHAPTER 08

CHAPTER 09

CHAPTER 10

CHAPTER 11

CHAPTER 12

商务办公 私房实操技巧

TIP ▮▮▮▮▮▮▮▮▮▮▮

 PowerPoint 2016 默认提供自动恢复的功能，可以恢复 10 分钟前的文件。若在关闭 PowerPoint 时没有保存文件，可以利用自动恢复功能快速找回文件，方法为：打开"PowerPoint 选项"对话框，在左侧选择"保存"选项，在右侧复制"自动恢复文件位置"的路径文本，然后打开任一文件夹，将复制的路径粘贴到地址栏中，并按【Enter】键确认，即可找到 PowerPoint 2016 自动保存的文件，如右图所示。

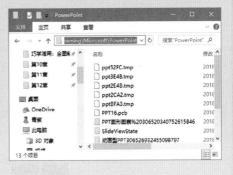

TIP ▮▮▮▮▮▮▮▮▮▮▮▮▮▮

 首先打开要进行截图的程序界面，在 PowerPoint 2016 工作窗口中选择"插入"选项卡，单击"屏幕截图"下拉按钮，在"可用的视窗"列表中可以选择该程序界面，以快速截取完整的界面，如右图所示。若选择"屏幕剪辑"选项，可进入截图状态，此时需要拖动鼠标选取截图区域。

TIP：PPT 多图排版不必全部摆上

 在 PPT 中采用网格式的方法进行多图排版时，不必将图片全部摆上去，删除部分图片并以色块代替，可以增强页面的呼吸感，效果会更协调、更美观。

TIP ▮▮▮▮▮▮

 幻灯片中元素之间的间距应小于幻灯片的边距（即最外侧的元素离幻灯片边缘的距离），这样会让幻灯片上的内容在视觉上产生关联感，否则看起来会很分散。

Ask Answer 高手疑难解答

问 如何批量设置字体格式？

图解解答 通过设置主题字体，可以批量设置幻灯片的字体格式，方法如下：

1. 选择 **设计** 选项卡，在"变体"组中单击"其他"按钮，选择"字体"|"自定义字体"选项，如下图（左）所示。

2. 弹出"新建主题字体"对话框，设置标题和正文字体，输入名称，单击 **保存(S)** 按钮，如下图（右）所示。要批量修改 PPT 的字体格式，只需应用新的主题字体或编辑当前主题字体即可。

问 如何批量删除在各幻灯片中手动添加的 Logo 图片？

图解解答 在制作 PPT 时，若 Logo 图片不是在母版中添加的，而是通过复制的方式手动插入到各张幻灯片中的，由于要替换成新的 Logo 图片需要批量删除，此时可以利用 OK 插件快速完成删除操作，方法如下：

1. 选中要删除的 Logo 图片，选择 OneKey 8 选项卡，在"形状组"中单击 **一键去除** 下拉按钮，选择 **去同位** 选项，如下图（左）所示。

2. 此时即可在 PPT 中删除相应位置上的所有 Logo 图片，弹出提示信息框，单击 **确定** 按钮，如下图（右）所示。

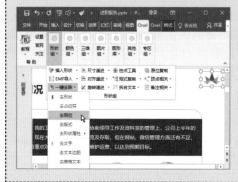